U0939627

微心理解析

文德　编著

中华工商联合出版社

图书在版编目（CIP）数据

微心理解析 / 文德编著 . -- 北京：中华工商联合出版社，2017.3（2021.6 重印）

ISBN 978-7-5158-1935-8

Ⅰ . ①微… Ⅱ . ①文… Ⅲ . ①心理学 – 通俗读物 Ⅳ . ① B84-49

中国版本图书馆 CIP 数据核字（2017）第 048415 号

微心理解析

编　　著：文　德
责任编辑：李　瑛　袁一鸣
装帧设计：北京东方视点数据技术有限公司
责任审读：郭敬梅
责任印制：迈致红
出版发行：中华工商联合出版社有限责任公司
印　　刷：唐山富达印务有限公司
版　　次：2017 年 7 月第 1 版
印　　次：2021 年 6 月第 2 次印刷
开　　本：710mm × 1020mm　1/16
字　　数：260 千字
印　　张：16
书　　号：ISBN 978-7-5158-1935-8
定　　价：78.00 元

服务热线：010-58301130
销售热线：010-58302813
地址邮编：北京市西城区西环广场 A 座
19-20 层，100044
http: //www.chgslcbs.cn
E-mail: cicap1202@sina.com（营销中心）
E-mail: gslzbs@sina.com（总编室）

前言

许多人以为，成功是由偶然和运气造成的，其实不然，它是由真理和定律决定的。人类的进步在很大程度上正是由于运用那些普遍存在的真理和定律而取得的。这些定律被称为“成功背后的经典”。社会中的那些具有普遍意义的定律，使我们的生活成功而有意义。它们旨在告诉人们如何做人，如何面对生活，如何改变自己的命运，如何走向成功的人生。只有自觉地去发掘并掌握这些定律，才能读懂成功和平庸之间的区别，找到从平凡到成功的最为可行、可靠的途径，从而跃过障碍、绕过陷阱而一步步收获人生，成就大业！

人们总是说这个世界是纷繁复杂的，但是成功学家却说这个社会是有规律可循的；人们总是说人心叵测，但是成功学家用事实证明人心是可以揣摩的。成功学家经过深入的研究，总结出许许多多适用于生活、工作、交往的法则。

这些定律渗透于日常生活中的每个角落，与人们的生活、学习、工作都有着非常密切的关系。生活中，每个人的行为都受到自己心理的支配。

掌握这些定律，能让你更清楚地认识自我，更充分地发掘自我潜能，从而更快速地走向成功。恰当地使用这些定律，可以让你在人际交往中无往不利，拥有并自由调控海量人脉资源，为你排忧解难、创造良机。利用心理学定律，可以迅速知晓对方想听的和不想听的、想要的和不想要的、喜欢的和不喜欢的，以及对方担心的和顾虑的，从而透过显而易见的表象，分析其背后隐藏的真实心理，掌控人际交往的主动权，成为人际博弈的大赢家。

本书精选了66个神奇而经典的定律，包括墨菲定律、洛克定律、木桶定律、奥卡姆剃刀定律、蘑菇定律、破窗理论等加以解析。其中的每个定律都是千百年来成功人士的思想和智慧的结晶，也是我们必备的生存利器和成功法则。它们像一扇扇人类智慧的窗户，帮助我们看清复杂世界背后的真相，更深刻地认识人性和社会的本质，洞悉成功人生的方略，然后顺势而为，收到事半功倍之效；它们像人生道路上的一盏盏明灯，指引我们在黑暗中顺利前进，无须再遭受不必要的挫折和走不必要的弯路。总之，你会为拿到这本书而庆幸不已，它曾经改变过无数人的命运，如今，也将让你告别昨日乏味的生活，让你真正成为自己命运的主宰者。

目录

定律一

墨菲定律：

与错误共生，迎接成功

【定律阐释】

墨菲定律，指如果坏事情有可能发生，不管这种可能性多么小，它总会发生，并引起最大可能的损失。它告诉我们，错误是世界的一部分，人类不得不接受与错误共生的命运。

不存侥幸心理，从失败中汲取教训

众所周知，人类即使再聪明也不可能把所有事情都做到完美无缺。正如所有的程序员都不敢保证自己在写程序时不会出现错误一样，容易犯错误是人类与生俱来的弱点。这也是墨菲定律一个很重要的体现。

想取得成功，我们不能存有侥幸心理，想方设法回避错误，而是要正视错误，从错误中汲取经验教训，让错误成为我们成功的垫脚石。关于这一点，丹麦物理学家雅各布·博尔就是最好的证明。

一次，雅各布·博尔不小心打碎了一个花瓶，但他没有像一般人那样一味地悲伤叹惋，而是俯身精心地收集起了满地的碎片。

他把这些碎片按大小分类称出重量，结果发现：10 ～ 100 克的最少，1 ～ 10 克的稍多，0.1 克和 0.1 克以下的最多；同时，这些碎片的重量之间表现为统一的倍数关系，即较大块的重量是次大块重量的 16 倍，次大块的重量是小块重量的 16 倍，小块的重量是小碎片重量的 16 倍……

于是，他开始利用这个“碎花瓶理论”来恢复文物、陨石等不知其原貌的物体，给考古学和天体研究带来意想不到的效果。

事实上，我们主要是从尝试和失败中学习，而不是从正确中学习。例如，超级油轮卡迪兹号在法国西北部的布列塔尼沿岸爆炸后，成千上万吨的油污染了整个海面及沿岸，于是石油公司才对石油运输的许多安全设施重加考虑。还有，在三里岛核反应堆发生意外后，许多核反应过程和安全设施都改变了。

可见，错误具有冲击性，可以引导人们想出更多细节上的事情。假如你工作的例行性极高，你犯的错误就可能很少。但是如果你从未做过此事，或正在做新的尝试，那么发生错误在所难免。发明家不仅不会被成千的错误击倒，而且会从中得到新创意。在创意萌芽阶段，错误是创造性思考必要的副产品。正如耶垂斯基所言："假如你想打中，先要有打不中的准备。"

现实生活中，每当出现错误时，我们通常的反应都是："真是的，又错了，真是倒霉啊！"这就是因为我们以为自己可以逃避"倒霉""失败"等，总是心存侥幸。殊不知，错误的潜在价值对创造性思考具有很大的作用。

人类社会的发明史上，就有许多利用错误假设和失败观念来产生新创意的人。哥伦布以为他发现了一条到印度的捷径，结果却发现了新大陆；开普勒发现了行星间引力的概念，却是偶然间由错误的理由得到的；爱迪生也是知道了上万种不能做灯丝的材料后，才找到了钨丝……

所以，想迎接成功，先放下侥幸心理，加强你的"冒险"力量。遇到失败，从中汲取经验，尝试寻找新的思路、新的方法。

从哪里跌倒，就从哪里爬起来

英国小说家、剧作家柯鲁德·史密斯曾说过："对于我们来说，最大的荣幸就是每个人都失败过。而且每当我们跌倒时都能爬起来。"成功者之所以成功，只不过是他不被失败左右而已。

1927年，美国阿肯色州的密西西比河大堤被洪水冲垮，一个9岁的黑人小男孩的家被冲毁，在洪水即将吞噬他的一刹那，母亲用力把他拉上了堤坡。

1932年，男孩8年级毕业了，因为阿肯色的中学不招收黑人，他只能到芝加哥就读，但家里没有那么多钱。那时，母亲做出了一个惊人的决定——让男孩复读一年，她给50名工人洗衣、熨衣和做饭，为孩子攒钱上学。

1933年夏天，家里凑足了那笔费用，母亲带着男孩踏上火车，奔向陌生的芝加哥。在芝加哥，母亲靠当佣人谋生。男孩以优异的成绩读完中学，后来又顺利地读完大学。1942年，他开始创办一份杂志，但最后一道障碍是缺少500美元的邮费，不能给订户发函。一家信贷公司愿借贷，但有个条件，得有一笔财产作抵押。母亲曾分期付款好长时间买了一批新家具，这是她一生最心爱的东西，但她最后还是同意将家具作为抵押。

1943年，那份杂志获得巨大成功。男孩终于能做自己梦想多年的事了：将母亲列入他的工资花名册，并告诉她她算是退休工人，再不用工作了。母亲哭了，那个男孩也哭了。

后来，在一段反常的日子里，男孩经营的一切仿佛都坠入谷底，面对巨大的困难和障碍，男孩感到已无力回天。他心情忧郁地告诉母亲："妈妈，看来这次我真要失败了。"

"儿子，"她说，"你努力试过了吗？"

"试过。"

"非常努力吗？"

"是的。"

"很好。"母亲果断地结束了谈话，"无论何时，只要你努力尝试，就不会失败。"

果然，男孩渡过了难关，攀上了事业新的巅峰。这个男孩就是驰名世界的美国《黑人文摘》杂志创始人、约翰森出版公司总裁、拥有3家无线电台的约翰·H. 约翰森。

事实上，得失本来就不是永恒的，是可以相互转化的矛盾共同体。记得有一本杂志曾归纳出关于失败的优胜可能：

失败并不意味着你是一位失败者——失败只是表明你尚未成功。

失败并不意味着你一事无成——失败表明你得到了经验。

失败并不意味着你是一个不知灵活性的人——失败表明你有非常坚定的信念。

失败并不意味着你要一直受到压抑——失败表明你愿意尝试。

失败并不意味着你不可能成功——失败表明你也许要改变一下方法。

失败并不意味着你比别人差——失败只表明你还有缺点。

失败并不意味着你浪费了时间和生命——失败表明你有理由重新开始。

失败并不意味着你必须放弃——失败表明你还要继续努力。

失败并不意味着你永远无法成功——失败表明你还需要一些时间。

失败并不意味着命运对你不公——失败表明命运还有更好的给予。

那么，期待成功的你，不要再被一时的失败左右了，在哪里跌倒，就在哪里爬起来吧！

定律二

木桶定律：

抓最“长”的，不如抓最“短”的

【定律阐释】

木桶定律，指一只木桶盛水的多少，并不取决于桶壁上最长的那块木板，而恰恰取决于桶壁上最短的那块木板。

克服人性“短板”，避开成事“暗礁”

一位老国王给他的两个儿子一些长短不同的木板，让他们各做一个木桶，并承诺：谁做的木桶装下的水多，谁就可以继承王位。大儿子为把自己的木桶做大，每块挡板都削得很长，可做到最后一条挡板时没有木材了；小儿子则平均地使用了木板，做了一个并不是很高的木桶。结果，小儿子的木桶装的水多，最终继承了王位。

与此类似，遇到问题时，我们若能先解决导致问题的“短板”，便可大大缩短解决问题的时间。

俗话说“人无完人”，确实，人性是存在许多弱点的，如恶习、自卑、犯错、忧虑、嫉妒等等。根据木桶定律，这些短处往往是限制我们能力的关键。就像木桶一样，一个木桶能装多少水，并不是用最长的木板来衡量的，而是要靠最短的木板来衡量，木桶装水的容量受到最短木板的限制，所以，要想让木桶装更多的水，我们必须加长自己最短的木板。

1. 恶习

我们时时刻刻都在无意识地培养着习惯，这令我们在很多情况下都要臣服于习惯。然而，好的习惯可为我们效力，不好的习惯，尤其是恶习（如果拖沓、酗酒等），会在做事时严重拖我们的后腿。所以，我们要学会对自己的习惯分类，对不好的习惯进行改正、完善，以免将成功毁在自己的恶习之中。

2. 自卑

自卑，可以说是一种性格上的缺陷，表现为对自己的能力、品质评价过低。它往往会抹杀我们的自信心，本来有足够的能力去完成学业或工作任务，却因怀疑自己而失败，显得处处不行，处处不如别人。所以，做事情要相信自己的能力，要告诉自己“我能行”“我是最棒的”，那样，才能把事情办好，走向成功。

3. 犯错

人们通常不把犯错误看成是一种缺陷，而是把“失败是成功之母”当成自己的至理名言。殊不知，有两种情况下犯错误就是一种缺陷。一种是不断地在同一个问题上犯错误，另一种是犯错误的频率比别人高。这些错误，或许是因他们的态度问题，或许是因他们做事不够细心，没有责任心导致的，但无论哪种，都是成功的绊脚石。因此，平时要学会控制自己，改掉马虎大意等不良习惯；犯错后不要找托词和借口，懂得正视错误，并加以改正。

4. 忧虑

有位作家曾写道：给人们造成精神压力的，并不是今天的现实，而是对昨天所发生事情的悔恨，以及对明天将要发生事情的忧虑。没错，忧虑不仅会影响我们的心情，而且会给我们的工作和学习带来更大的压力。更重要的是，无休止的忧虑并不能解决问题。所以，我们要学会控制自己的情绪，客观地去看问题，在现实中磨炼自己的性格。

5. 妒忌

妒忌是人类最普遍、最根深蒂固的感情之一。它的存在，总是令我们不能理智地、积极地做事，于是，常导致事倍功半，甚至劳而无功的结果。因此，无论在生活中，还是在工作中，我们都应平和、宽容地对待他人，客观地看待自己。

6. 虚荣

每一个人都有一点虚荣心，但是过强的虚荣心，使人很容易被赞美之词迷惑，甚至不能自持，很容易被对手打败。所以，我们要控制虚荣，摆脱虚荣，正确地认识自己。

7. 贪婪

由于太看重眼前的利益，该放弃时不能放弃，结果铸成大错，甚至悔恨终生。众所周知，很多人因太贪钱财等身外之物而毁了大好前程，有时明知是圈套，却因为抵御不住诱惑而落入陷阱。说到底，不是人不聪明，而是败给了自己的贪欲。可见，要成事，先要找对心态，知足才能常乐。

一位伟人曾经说过："轻率和疏忽所造成的祸患将超乎人们的想象。"许多人之所以失败，往往是因为他们没有注意到自己成功路上的那块短板，如车祸、建筑工程质量、行贿受贿等。所以，我们要想做好事情，应先学会做人，找到自己成功路上的短板，取长补短，从而摆脱弱点对我们的控制。

找到"阿喀琉斯之踵"，让问题迎刃而解

在希腊神话中，有这样一个意义深刻的故事：

阿喀琉斯是希腊神话中最伟大的英雄之一。他的母亲是一位女神，在他降生之初，女神为了使他长生不死，将他浸入冥河洗礼。阿喀琉斯从此刀枪不入，百毒不侵，只有一点除外——他的脚踵被提在女神手里，未能浸入冥河，于是脚踵就成了这位英雄的唯一弱点。

在漫长的特洛伊战争中，阿喀琉斯一直是希腊人最勇敢的将领。他所向披靡，任何敌人见了他都会望风而逃。

但是，在十年战争快结束时，敌方的将领帕里斯在众神的示意下，抓住了阿喀琉斯的弱点，一箭射中他的脚后跟，阿喀琉斯最终不治而亡。

与"阿喀琉斯之踵"类似，任何事情或组织都有它的最薄弱之处，

而问题又往往由这里产生。那么，如果我们把这个最薄弱处解决，问题往往就迎刃而解了。

曾有一家刚起步的电子商务公司，采购与销售是两个独立的部门，公司规定两个部门的资料每周沟通 2 次。然而，由于平时业务繁忙，再加上两个部门的员工不能及时交流沟通，总是造成销售人员在认为商品有货源的情况下接受了顾客的订单，但采购部实际上并不能在短时间内找到相应的货源。于是，顾客不能按时收到商品，公司经常接到顾客的投诉和抱怨，严重影响了公司的业绩和形象。

总经理发现了两个部门缺少沟通这一关键而又薄弱的环节后，为全公司所有员工的电脑安装了及时沟通的软件，让两个部门的员工能及时沟通。同时，还在公司建立了库存与近期货源一览表。从而避免了原来有单无货的不良现象，既提高了公司的业绩，又提升了公司的形象。

通过这个例子可以看出，如果不能及时解决采销两个部门沟通的这块“短板”，无论销售人员如何努力接订单，对解决问题仍没有实质性的收效。因此，抓住导致问题的短板，并从根本上予以解决，才能使问题迎刃而解。

与此类似的例子还很多，例如，你和竞争对手同时争取一个项目，那么，你就需要了解对方的薄弱之处在哪儿，如何用你的强势攻克对手的薄弱环节；孩子成绩不好，解决的方法不是帮他们做题、写作业，也不是用训斥来打击他们幼小的心灵，加重其自卑感而是要找到孩子在学习上的薄弱之处，树立自信心，从这里着手，才能从根本上提高孩子的成绩……

木桶定律让我们明白，遇到问题，不要蛮干，要找到导致问题的短板，科学地予以解决，从而达到事半功倍的效果。

定律三

蘑菇定律：

新人，想成蝶先破茧

【定律阐释】

蘑菇定律，指初入职者一般像蘑菇一样被置于阴暗的角落（不受重视的部门，或做打杂跑腿的工作），头上浇着“大粪”（无端的批评、指责、代人受过），只能自生自灭（得不到必要的指导和提携）。这是许多组织对初出茅庐者的一种管理心态。

职场起步，切勿过早锋芒毕露

众所周知，蘑菇长在阴暗的角落，得不到阳光，也没有肥料，自生自灭，只有长到足够高的时候才开始被人关注。

这种经历，对于成长中的职场年轻人来说，就像蛹，是化蝶前必须经历的一步。只有承受这些磨难，才能成为展翅的蝴蝶。初涉职场的新人，不仅要承受住“蘑菇”阶段的历练，还要注意不能过早地锋芒毕露。

有一位图书情报专业毕业的硕士研究生被分到上海的一家研究所，从事标准化文献的分类编目工作。

他认为自己是学这个专业的，比其他人懂得多，而且刚上班时领导也以“请提意见”的态度对他。于是工作伊始，他便提出了不少意见，上至单位领导的工作作风与方法，下至单位的工作程序、机制与发展规划，都一一列举了问题与弊端，提出了改进意见。对此领导表面点头称是，其他人也不反驳，可结果呢，不但现状没有一点儿改变，他反倒成了一个处处惹人嫌的主儿。

后来，一位同情他的同事悄悄对他说："小王啊，你还是换个单位吧，在这儿你把所有的人都得罪了，别想有出息。"

于是，这位研究生闭上了嘴。一段时间后，他发觉所有的人都在有意无意地为难他，连正常的工作都没有人支持他，他只好"炒领导的鱿鱼"，离开了。

在现实社会中，与这位研究生一样的年轻人并不少见。他们处世往往不留余地，锋芒毕露，有十分的才能与聪慧，就要表露出十二分。殊不知，职场有职场的规则，你如果想在职场有所作为，就要先适应这里的规则，实力壮大、羽翼丰满之后，再通过你的能力来制定切实可行的规则，否则，你一定会被碰得头破血流，留下"壮志未酬身先死"的怨叹。

小说《一地鸡毛》中描写到，主人公小林夫妇都是大学生，很有事业心，努力、奋发，有远大的理想。二人志向高得连单位的处长、局长，社会上的大小机关都不放在眼里，刚刚工作就锋芒毕露。于是，两人初到单位，各方面关系都没处理好，而且因为一开始就留下了"伤疤"，后来的日子也经常是磕磕碰碰。说到底，夫妇俩都败给了自己的职场第一步。

中国有一个成语叫"大智若愚"，行走职场，必要的时候，你一定要学会做一个"愚人"来保全自己，这往往能让你以不变应万变。

做"蘑菇"该做的事，以智慧突破"蘑菇"境遇

曾有人说过这样一番话："一个人既然已经经历'蘑菇'的痛苦，哭也好，骂也好，对克服困难毫无帮助，只能是挺住，你没有资格去悲观。因为，此时假如你自己不帮助自己，还有谁能帮助你呢？"

这句话说明了一个很重要的道理：正因身处"蘑菇"境遇，你得

比别人更加积极。谁都知道，想做一个好“蘑菇”很难，但那又能怎样呢？如果只是一味地强调自己是“灵芝”，起不了多大作用，结果往往是“灵芝”未当成，连“蘑菇”也没资格做了。

所以，你想要突破“蘑菇”的境遇，使自己从“蘑菇堆”里脱颖而出，在最开始就要做好“蘑菇”该做的事，用智慧去突破“蘑菇”境遇。

你要学会从工作中获得乐趣，而不仅仅是按照命令被动地工作。确立自己的人生观，根据你自己的做事原则，恰如其分地把精力投入工作中。要想让企业成为一个对你来说有乐趣的地方，只有靠你自己努力去创造、去体验。

身为新人，工作中你要注意礼貌问题。也许你觉得这样是在走形式，但正因为它已经形式化了，所以你更需要做到，从而建立良好的人际关系。记得有这样一句话：礼貌这东西就像旅途使用的充气垫子，虽然里面什么也没有，却令人感觉舒适。记住：有礼貌不一定是智慧的标志，可是不礼貌会被人认为愚蠢。

常言道，少说话，多做事，这对新人更是适用。每一个刚开始工作的年轻人都要从最简单的工作做起。如果你在开始的工作中就满腹牢骚、怨气冲天，那么你就会对工作草率行事，从而有可能导致错误的发生；或者本可以做得更好，却没有做到，这会使你在以后的职务分配中很难得到你本可以争取到的工作。

还有，毕业后一旦走向社会，会发现梦想与现实总是存在很大的差距。当你到了一个并不满意的公司，或者在某个不理想的岗位，做着也许很没劲甚至很无聊的工作时，肯定会产生前途茫然的感觉，如果收入又不理想，你肯定会郁闷万分，此时实际上就是蘑菇定律在考验你的适应能力。达尔文的话是最好的忠告：要想改变环境，必须先适应环境，别等环境来适应你。

时刻记住，人可以通过工作来学习，可以通过工作来获取经验、知识和信心。你对工作投入的热情越多，决心越大，工作效率就越高。当你抱有这样的热情时，上班就不再是一件苦差事，工作就会变成一种乐趣，就会有许多人聘请你做你喜欢做的事。

正如罗斯·金所言："只有通过工作，你才能保证精神的健康，在工作中进行思考，工作才是件愉快的事情。两者密不可分。"处于"蘑菇"阶段的年轻人，快沉下心来，以你的智慧与能力在职场破茧成蝶吧！

定律四

彼得原理：

晋级升迁，不是爬不完的梯子

【定律阐释】

管理学家劳伦斯·彼得指出：每一个员工由于在原有职位上工作成绩表现好（胜任），就将被提升到更高一级职位；其后，如果继续胜任则将进一步被提升，直至到达他所不能胜任的职位。即“每一个职位最终都将被一个不能胜任其工作的员工所占据”。

员工在合适的位置才能发挥优势

现实的管理中，我们总能发现这样的现象：一旦员工在低一级职位上干得很好，组织就会将其提升到较高一级的职位上来，一直到将员工提升到一个他所不能胜任的职位上之后，组织才会停止对他的晋升。结果本来可以在低一级职位施展才华的人，却不得不处在一个自己所不能胜任，但是级别较高的职位上，并且要在这个职位上一直耗到退休。这种状况就是彼得原理的典型体现，这对于员工和组织双方来说，都没有好处。

晋升，作为一种鼓励、奖励的手段非常普遍。然而，一些无意或“无能”的人，由于在工作中做出了成绩，被提到了高位；所面对的却可能是他们不能胜任的工作，就像爬上了一个架错墙的梯子顶端，其中滋味只有当事人知道。

下面是彼得博士的研究资料中的一个典型的案例。

杰克在汽车维修公司是一名热忱又聪明的学徒，不久他被聘为正式的机械师。

在这个职位上他表现杰出，不但能诊断汽车的疑难杂症，还能不辞辛劳地加以修复，于是他又被提升为该维修厂的领班。

然而，在担任领班之后，他原先对机械的热爱和追求完美的性格反而成为他的缺点。因为不管维修厂的业务多么忙碌，他还是会承揽任何他觉得有趣的工作。

他总是说："我们总得把事情做好嘛！"而他一旦工作起来，干不到完全满意绝不轻易罢手。他事事干预，极少坐在他的办公室。他常常亲自动手修理拆卸下来的发动机，而让原本从事那件工作的人呆站在一旁，并且他不会给其他工人指派新的任务。结果维修厂里总是堆着做不完的工作，总是一团糟，交货时间也经常延误。杰克完全不了解，一般顾客并不在乎车子是否修得尽善尽美，他们只希望能如期取回车子。杰克也不了解，大部分工人对薪资比对发动机的兴趣还要浓厚。

因此，杰克对他的顾客和部属都不能应付得宜。从前他是一位能干的机械师，现在却成为不胜任的领班了。

像杰克这样被提拔，许多领导者都认为是天经地义的，是对员工工作表现的一种肯定。因为大多数公司一直把工资、奖金、头衔、提拔跟员工的表现和职业阶层挂钩，所处的阶层越高，工资就越高，额外津贴就越丰厚，头衔也越大。虽然这种出发点是好的，但结果却把每个员工都引领到十分尴尬的境地。

对于一个员工来说，他的表现是否优秀，往往是相对于他的职位而言。过高的晋升，只会让他从优秀走向不优秀，甚至是艰难。

明智的领导者，一定要懂得把下属安排到一个合适的位置，安排到一个能让他们发挥出优秀水平的位置，而不是通过一味地提拔奖励，让他们最终迷失甚至颓废在无尽的晋升阶梯中。

改革机制，避开彼得原理的陷阱

彼得原理告诉我们，在任何层级组织里，每一个人都将晋升到他不能胜任的阶层。换句话说，一个人，无论你有多大的聪明才智，也无论你如何努力进取，总会有一个你干不了的位置在等着你，并且你一定会达到那个位置。

例如，一个优秀的主治医生被提升为行政主任后无所作为，一位优秀的研究员被提升为研究院院长后无所事事，一位熟练的高级技工被提升为经理人员后束手无策……

这些彼得原理陷阱，主要是由企业的不恰当的激励机制和人员的晋升机制所产生的。那么，我们应该如何去避开这些陷阱呢？这就要求企业必须改革人员的晋升机制和激励机制。

1. 建立相互独立的行政岗位和技术职务岗位升迁机制

对于企业的行政人员和专业技术人员，可以按照所属岗位性质的不同，建立相应的相互独立的行政岗位和技术岗位的职务晋升机制，且相应的技术职务岗位对应相应的行政职务岗位，享有相应的薪酬和福利等等。但是，行政职务岗位不能与相应的技术职务岗位互换。

实行双轨制，让企业的行政管理人员和技术人员分别走不同的职务晋升路线。这样，既可以满足对业绩突出人员的精神激励的要求，让不同类的员工各得其所，又能够提高企业的管理水平和科研实力。

2. 加强对各类岗位的工作岗位研究

建立相互独立的行政和技术职务岗位晋升机制只能防止行政人员和技术人员由于错位晋升而陷入彼得原理陷阱，要防止同类岗位内部出现彼得原理陷阱，还必须对不同级别的各个岗位进行工作岗位研究，明确各个岗位的责任，细化各个岗位对具体的诸如管理能力、业务水平、学历等不同能力的要求，并按不同能力所占的权重予以排队。简而言之，就是“按岗设人”。

3. 建立岗位培训机制

在这个现代化的社会，技术、管理发展日新月异，新的技术、管理知识每天都在不断更新，即使昨天你是个合格的技术人员、合格的管理者，如果不加强学习的话，今天，你就有可能落伍。

如今，企业的岗位培训已经变得越发重要。国内外的知名企业，都非常重视企业的岗位培训，且大都建有自己的专门岗位培训机构，外如著名的摩托罗拉大学、惠普商学院，内如海尔大学等等。

4. 实行宽带薪酬体系

所谓宽带薪酬，就是在拉大同等级的员工的薪酬差异的同时，缩小不同等级员工之间的薪酬差异，实行薪酬扁平化，以及按劳取酬、按效益取酬制度，改变以前企业的那种按职称、按工作岗位拿工资的现状。如果某一个基层工作人员干得好，他可以拿到甚至是在职称或者是职务上高他几个等级的员工的薪酬；相反，如果某一个高层员工干得不好的话，他甚至有可能拿到全企业的最低工资。

设立薪酬体系的好处是显而易见的，它可以激励各个层次的员工全身心地投入到自己的本职工作中去，实现“在其位，谋其政”，要不然的话，可能自己月底的收入就会很可怜。

通过这一方式，可以在各个层次的工作岗位中留住有事业心的合格的人才。

定律五

权威效应：

人微则言轻，人贵则言重

【定律阐释】

权威效应，指如果一个人地位高、有威信、受人尊敬，那么他所说的话、所做的事就容易引起别人的重视，并容易使人相信其正确性。也就是说，人们对权威的信任要远远超过对常人的信任。

掀开“机长综合征”的心理学面纱

在航空工业界，有一个现象叫“机长综合征”。说的是在很多事故中，机长所犯的错误十分明显，但飞行员们均没有针对这个错误采取任何行动，最终导致飞行事故。下面这个故事，就是“机长综合征”的一个典型。

一次，著名空军将领乌托尔·恩特要执行一次飞行任务，但他的副驾驶员在飞机起飞前生病了，于是总部临时给他派了一名副驾驶员做替补和这位传奇的将军同飞，这名替补觉得非常荣幸。在起飞过程中，恩特哼起歌来，并把头一点一点地随着歌曲的节奏打拍子。这个副驾驶员以为恩特是要他把飞机升起来，虽然当时飞机还远远没有达到可以起飞的速度，他还是把操纵杆推了上去。结果飞机的腹部撞到了地上，螺旋桨的一个叶片飞入了恩特的背部，导致他终生截瘫。

事后有人问这位副驾驶员：“既然你知道飞机还不能起飞，为什么要把操纵杆推起来呢？”他的回答是：“我以为将军要我这么做。”

从心理学角度讲，这个故事反映了社会中普遍存在的一种心理现象——权威效应。也就是说，尽管我们每个人都对身边的人或者对社会有一定的影响力，但影响力的大小有所不同。一般来说，权威人士容易对其他人产生更大的影响。

例如，某天你眼部不适，到医院就诊，如果其他条件相同，有一位眼科专家和一位刚从医学院毕业的年轻大夫供你选择，相信你一定会选择专家。

权威对我们的影响力要超出常人，崇尚权威，迷信权威人士成了社会大众的一个普遍特征。社会中大多数处于中下层地位的人，学识有限，心理脆弱，对超出自身生活经验的问题不甚了解，不辨真伪，因而盲目相信所谓权威的意见。他们甚至不在乎“说什么”，只在乎说者本身的权威地位。古往今来的君主枭雄、教主领袖，乃至市井中有号召力之人，他们的号召力往往正是来源于对大众心理的这种控制。

在现实生活中，无论是做人，还是做事，我们都要擦亮双眼，理智思考，不要让权威成为遮盖事实真相的心理面纱。

自信是突围负面“权威效应”的利器

不可否认，“权威效应”有它积极的一面，在日常生活中，积极、上进的“权威效应”是值得提倡的。

例如，树立权威人士做群众的好榜样，有助于形成良好的社会风尚；请权威人士担任形象大使，负责环保、节能、关爱生命、如何急救等有意义的公益宣传，将会在大众心中留下更深刻的印象，从而起到更好的促进作用。

然而，“权威效应”也有其消极、颓废一面。例如，某些虚假、有误导性的广告，由于聘请了一些权威人士进行代言，造成诸多消费者受骗上当。特别是那些涉及医药用品与医疗服务方面的广告，造成的危害及恶劣影响更大。要知道，从心理学层面讲，对于大众而言，权威人士代言广告的性质属于“证言广告”，大家虽然没有切身去体验，但因为对代言者的推崇和信任，往往会对产品热心追捧，甚至深信不疑。这也是为何人们再三强调，权威人士或名人在代言广告方面，要强化一种责任感和守法意识。

作为普通人，我们应该明白，其实“权威”也是凡人，他们或多或少都会受到时代和自身条件的局限。如果我们不能认识到这一点，而总是跪倒在“权威”的面前，那么我们就永远不会进步。

我们具体应该如何破除“权威效应”的消极圈套呢？

洛德·卢瑟福是英国著名核物理学家，因对元素裂变的研究获得了1908年诺贝尔化学奖。他曾断言：“由分裂原子而产生能量，是一种无意义的事情。任何企图从原子蜕变中获取能源的人，都是在空谈妄想。”但数年后，用于发电的原子能就问世了。目前原子能已经成为主要的发电新能源。在法国，原子能的利用率甚至已占各种能源的40%。

在科学大发现的时代——19世纪，当牛顿发现万有引力定律，伦琴发现X射线后，有科学家曾断言：科学的路已走到头了，以后的科学家的任务就是尽量使实验做得更精确一些。但不久，爱因斯坦就发现了“相对论”，为科学界打开了新视野。

与之类似，下面是一个令人深思的真实故事：

一位导师，每天晚饭后都要出去散步。在散步之前，他都要给他的一位学生留三道题，放在桌子上，等学生来解答。

这天这位学生发现老师只给他留了两道题，他很快做完了，又在老师的书中发现了一个折着的小字条，上面写着一道题，题目是：“如何用一支圆规和一把没有刻度的尺子来画一个正十七边形？”他开始苦思冥想，到深夜的时候，终于找到了答案。于是次日来见他的导师，导师看到答案后异常地惊讶，因为那道夹在书里的题目是他打算花大力气解决的，是当时数学界的一道难题。这位学生就是高斯。

试想，如果当时高斯知道那是一道当时数学界的难题，也许根本不会那么快找到答案。

所以，我们不要被问题吓倒，不要惧怕权威，更不能盲目地迷信权威。我们应该学会独立思考，用自信心作为突围那些权威名义下的种种圈套的利器。

定律六

情绪定律：

情绪影响一切

【定律阐释】

情绪定律，指人百分之百是情绪化的，任何时候的决定都是情绪化的决定。即使有人说某人很理性，其实当这个人很有“理性”地思考问题的时候，也受到他当时情绪状态的影响，“理性地思考”本身也是一种情绪状态。

情绪的惊人力量

有个岛上生活着一个未开化的部落。一天，村里发生了一桩杀人案。为了查出罪犯，人们请来了一名巫师。巫师让所有嫌疑分子都喝了“法液”——一种有一定毒性但不致毒死人的液体，并告诉他们，这种“法液”只对杀人凶手起作用，清白的人不会有事。结果，喝了法液的所有嫌疑人，几乎都安然无恙，唯独一人，终日绝望，没过多久便死了。究其原因，我们就要到情绪上找答案了。

你一定有过这样的经历：兴高采烈的时候，看什么都顺眼，做什么都顺手；情绪一落千丈的时候，觉得自己做什么事都不顺心，什么都做得不好。其实，这就是情绪的强大影响力。前面“法液”缉凶的例子亦是如此，清白的人坚信“法液”不会伤害自己，情绪安然，身体也就无恙；而真正的凶手却由于心存恐惧，认为“法液”对身体伤害很大，情绪低落，终日绝望，自然容易走向死亡。

人常说“世界之大，无奇不有”。没错，德国著名的化学家奥斯特瓦尔德曾因自己的情绪变化，差点儿造成他人与诺贝尔奖擦肩而过的后果。

有一天，德国著名的化学家奥斯特瓦尔德由于牙病，疼痛难忍，情绪很坏。他拿起一位不知名的青年寄来的稿件粗粗看了一下，觉得满纸都是奇谈怪论，顺手就把这篇论文丢进了纸篓。

几天以后，他的牙痛好了，情绪也好多了，那篇论文中的一些奇谈怪论又在他的脑海中闪现。于是，他急忙从纸篓里把它拣出来重读一遍，结果发现这篇论文很有科学价值。他马上给一份科学杂志写信，加以推荐。

后来，这篇论文发表了，并且轰动了学术界。该论文的作者也因此而获得了诺贝尔奖。

想想看，如果奥斯特瓦尔德的情绪没有很快好转，结果恐怕就不言而喻了。

事实上，情绪的好坏与我们自己的心态及想法密不可分，这就是心理学中的情绪定律。一件事，在别人眼中看着是悲哀的，在你眼中也许就是喜乐的，关键是自己怎么想。下面就是一个非常有趣的例子：

有两个秀才一起去赶考，路上他们遇到了一支出殡的队伍。看到那口黑乎乎的棺材，其中一个秀才心里立即“咯噔”一下，凉了半截，心想：完了，真触霉头，赶考的日子居然碰到这个倒霉的棺材。于是，心情一落千丈，走进考场，那个“黑乎乎的棺材”一直挥之不去，结果，文思枯竭，名落孙山。

另一个秀才也同时看到了这个棺材，一开始心里也“咯噔”了一下，但转念一想：棺材，棺材，噢！那不就是有“官”又有“财”吗？好，好兆头，看来今天我要红运当头了，一定高中。于是十分兴奋，情绪高涨，走进考场，文思泉涌，果然一举高中。

可见，面对同一口棺材，两个秀才产生了不同的情绪，进而造成了两种不同的结果。这就是情绪对一个人的巨大影响。

身处世事，人类拥有数百种情绪，它们或泾渭分明，如爱恨对立；或相互渗透，如悲愤、悲痛中有愤恨或愤怒夹杂；或大同小异的情绪彼此混杂，十分微妙。不过，只要我们了解了这些情绪，在日常生活中，就可以学着理性地去控制情绪。

不做情绪的奴隶，命运掌握在自己手中

漫漫人生路上，要么是我们驾驭生命，要么是生命驾驭我们，而决定谁是坐骑、谁是骑手的，就是我们的情绪。它就像一把双刃剑，消极不良的情绪可以像敌人一样袭击我们，积极健康的情绪可以像朋友一样帮助我们。

其实，如果能够从根本上改变对一件事的看法，我们的情绪也就会受到很大的影响。

有位老人，她有两个儿子，大儿子是卖雨伞的，小儿子是卖草鞋的。晴天时，她心想：真糟糕，大儿子的雨伞卖不出去了；雨天时，她又想：真糟糕，小儿子的草鞋卖不出去了。所以，老人每天都愁容满面、忧心忡忡。

有一天，邻居告诉她："你换过来想一下不好吗？晴天时，你就想小儿子的草鞋可以卖出去了，不是很开心吗？雨天时，你就想大儿子的雨伞可以卖出去了，是不是也很开心呀？"老人听了这番话，就照着做了。

从此以后，老人每天都很开心，常常笑容满面。

许多时候，我们也和那位老人一样，对于同一现实或情境，从一个角度去看，可能引起消极的情绪体验，陷入心理困境；如果从另一角度看，就可能发现积极意义，从而使消极情绪转化为积极情绪。

要知道，使自己快乐的钥匙不是掌握在别人手中，而是掌握在自己手中。我们郁闷也好，快乐也好，其实都不是由外界原因造成的，而是由我们自己的情绪造成的。所以，我们要做情绪的主人，而不能被情绪左右。正如心理学家所证明的：人不仅仅是消极情绪的放大镜，而且也

是积极情绪的制造者，生气郁闷只能是折磨自己。我们应该学会自我调整，这样就可以时常保持积极情绪。

保持积极情绪的方法有很多种，包括宽容别人，保持积极乐观的心态，能接纳自己的情绪变化，善于及时调整自己的不良心态，掌握有效的自我调节的方法等。如果你不慎掉进了河沟，不妨想想也许有一条鱼会游进你的口袋；当你参加一些重要的考试或活动，感到非常紧张时，可以在心里暗暗提醒自己“沉住气，别紧张，胜利一定是属于自己的”，这样自然就会令情绪冷静，信心百倍；当遭遇困难或身陷逆境时，想想“失败乃成功之母”，振作精神，那么，下一步就会走向成功。

定律七

皮尔斯定理：

意识到无知，是知道的开始

【定律阐释】

意识到自己的无知，才能进步。美国贝尔电话电报公司实验室著名科学家、“卫星通讯之父”约翰·皮尔斯说过：“意识到无知才使我们充满活力。”做人贵有自知之明，能看到自己的不足，才能弥补这一不足。

最大的智慧是看到自己的无知

在古希腊雅典的一个神庙里，有一道神谕，说世界上最聪明的人是苏格拉底。而苏格拉底却说：“我唯一知道的事，就是我什么也不知道。”之所以说苏格拉底是世界上最聪明的人，是因为他意识到了自己的无知。天下最大的智慧就是能意识到自己的无知。

这个世界上从不缺少妄自尊大的人，却缺少那些真正意识到自己无知的人。越是有智慧的人，越能看到自己的无知。一个自以为无所不知的人，却往往是个真正一无所知的人。

我国古代大思想家孔子曾说：“三人行，必有我师焉。”想想看，孔子本身就是一位老师，是一位智者，但他却并不认为自己无所不知，反而谦虚地认为自己还有很多不知道的东西，遇到的人中肯定会有自己的老师。不仅如此，孔子还说要“不耻下问”，意识到自己的无知是进步的起点，要真正取得进步就要靠不耻下问来填补自己的无知。大家都知道孔子一生收了不少徒弟，却不知他也拜了不少老师，只要他有不懂的问题就立刻向别人请教。也许，正是意识到自己的无知和拥有不耻下问的精神成就了孔子。

美国历史上颇有作为的总统——林肯也是如此。林肯出生在一个贫困家庭，而林肯却有着超凡的文笔、极强的处理事务和管理的能力。更让人吃惊的是，他一生中进学校的时间还不满一年。那他是如何获得那些学识和能力的呢？原来，林肯从小就能看到自己的无知，无论是农夫、商人、律师还是村儒学究，他都能从其身上学到很多知识和道理。他说："每个人都可能做我的教师。"正是这种态度，让他不断积累知识，不断增强能力，最终成为美国的总统。

为人应谦虚。真正的谦虚，是在对自我进行认真剖析后，意识到自己的无知而流露出来的真实态度，而不是表面上做做样子。只有真正谦虚的人，才会得到别人真诚的建议，促进自己改正不足。

学海无涯，没有人是无所不知的。意识到自己的无知，并没有什么好丢脸的，反而是促进自己弥补无知的前提。无论你的人生追求是什么，雄心壮志是什么，在达成这些之前，首先要把自己做好了。换句话说，只有先把自己做好了，才能达成你的人生追求、雄心壮志。

古语云："修身、齐家、治国、平天下。"把修身放在最前面，就是因为这是以下几项的前提和根本。只有先修身，才可达到齐家、治国、平天下的目标。修身修什么？首要的就是要意识到自己的不足，然后不断地去完善自己；意识到自己的无知，然后不断地去填补空白。如何修？就是要不断地自省。只有不断地进行自我反省，才能意识到自己的无知与不足。慎独，讲的也是这个道理。

人常说，活到老学到老，学无止境。不要让自大阻挡你前进的步伐。又有言曰："大智若愚。"那些真正有大智慧的人，从不自以为是，而是处处都以"无知"的面目示人，能意识到自己的无知，谦虚待人，不耻下问。

人贵有自知之明

老子云："知人者智，自知者明。"《孙子兵法》中有："知己知彼，百战不殆。”说的都是一个道理：人要懂得看清自己，人贵有自知之明。那些有所作为的人，大多是有自知之明的人。如果你不想虚度自己的人生，就先从看清自己做起吧。

春秋时期，有一段时间越国政治混乱，兵力疲弱。作为“五霸”之一的楚庄王认为，这正是攻打越国的好机会，于是就要出兵讨伐越国。这时，庄子问楚庄王：“大王要攻打越国，为的是什么？”楚庄王答：“因为越国现在政治混乱，兵力疲弱！”庄子听后，意味深长地说道：“一个人的智慧就好比人的眼睛，能够看清楚很远的地方，却始终无法看见自己目不见睫。自从大王的军队被秦国打败，楚国已经丧失了许多的国土，这是兵力疲弱；有人在国内造反，官吏却无法制止，这是政治混乱。目前，楚国兵弱政乱的情况与越国不相上下，而您还要出兵攻打越国，难道您就看不到自己的不足吗？”听了这一席话后，楚庄王立即取消了攻打越国的计划。

有很多人都像楚庄王一样，只看到别人的不足，却看不到自己的缺点。这样是很危险的，不自知的人很可能在战争中送命，在生活工作中失败。所以，无论何时都要谨记中国的那句古训：人贵有自知之明。

据说有一只乌鸦，看到老鹰总是能抓到羊吃，而自己也一样长着翅膀、尖嘴和爪子，于是它就想自己肯定也能抓到羊吃。可是，当它扑向羊的时候，不但没有抓到羊，还被羊角给扎死了。

不难看出，这只乌鸦犯的就是不自知的错，它并没有清楚地认识到自己和鹰的差别，只是想当然地认为鹰能做到的它也能做到，结果白白地送掉了性命。

其实，人无论在何时，处于何等的高位，都要做到有自知之明。应该说，越是处于高位，越要有自知之明，不要被别人的恭维蒙蔽了眼睛。

定律八

晕轮效应：

不要像看“日晕”一样看世界

【定律阐释】

晕轮效应，又称“光环效应”，由美国心理学家凯利提出，指人们看问题时，像日晕一样，由一个中心点逐步向外扩散成越来越大的圆圈，是一种在突出这一晕轮或光环的影响下而产生的以点带面、以偏概全的社会心理效应。

为什么我们会“爱屋及乌”

中国有句古话叫“爱屋及乌”，意思是如果爱一个人，连他家屋上的乌鸦都会喜爱。要知道，在我国民俗中，乌鸦是“不祥之鸟”，那么，为什么还会有“爱屋及乌”的现象呢？

其实，这就是晕轮效应的典型表现。无论在人际交往，还是认识事物时，人们常从对方所具有的某个特性而泛化到其他有关的一系列特性上，从局部信息形成一个完整的印象，即根据最少量的情况对别人或其他事物做出全面的结论。这实际上是个人主观推断泛化和扩张的结果。在晕轮效应影响下，一个人或事物的优点或缺点一旦变为光圈被扩大，其缺点或优点也就隐退到光圈的背后，被别人视而不见了。

下面，我们来看看博达列夫实验，亦证明同样的道理。

苏联学者博达列夫曾做过一个有趣的实验：在课堂上，他向两批学生出示同一张照片，告诉第一批学生这是一个罪犯，因杀人而入狱；告诉另一批学生这是一位物理学家，曾得过诺贝尔物理学奖。然后，他要求学生根据其形象描述其可能具有的性格。结果，第一批学生的评价都是贬义的，而第二批几乎全是褒义的。

再有，中国民间有句俗语："情人眼里出西施。"说的是为爱慕之情所迷惑，觉得所爱女子无处不美。黄庭坚的诗"草茅多奇士，蓬荜有秀色。西施逐人眼，称心最为得"，便是由这句古话而来的。情人在相恋的时候，很难找到对方的缺点，认为他（她）的一切都是好的，做的事都是对的，就连别人认为是缺点的地方，在双方看来也是无所谓的。这也是晕轮效应的表现。

心理学家认为，这种效应是由知觉者的情感引起的、对他人的一种主观倾向。由于我们在知觉他人时有一种情感效应，我们对他人的评价就容易出现偏差。这一偏差表现为当某人或某物被我们赋予了一个肯定的、令我们喜欢的特征之后，那么这个人就可能被我们赋予许多其他好的特征。反之，如果某人或某物存在某些不良的特征，那么，我们就会认为他其他的一切都是坏的。后者被称为"坏光环效应"，也被形象地叫作"扫帚星效应"。正所谓"一好百好，一恶百恶"，在生活中，"晕轮效应"与"扫帚星效应"经常发生，这些都是人类一种奇妙的内心反应。

理性人生，辩证对待心中的"光环"

客观上讲，晕轮效应是一把双刃剑，在实际应用中，我们要辩证地对待这顶"光环"。

既然我们知道晕轮效应是一种以偏概全的评价倾向，是个人主观推断泛化和扩张的结果，那么在实际生活中，我们就要注意在评价自己的时候，要实事求是，考虑全面。当别人称赞你的时候，要保持头脑冷静，知道自己还有不足之处；当别人贬低你的时候，也不要自暴自弃，要知道自己还有可取之处，真实客观地看待自己，避免出现以偏概全而导致的错误。

同时，我们可以利用晕轮效应为自己创造有利条件。下面，我们先来看一下麦哲伦是如何利用晕轮效应成功地获得西班牙国王卡洛尔罗斯的帮助的。

在哥伦布航海成功后，麦哲伦也想一试身手。为表明自己与投机者或骗子不同，麦哲伦在觐见国王时特地邀请了当时著名的地理学家路易·帕雷伊洛同往。帕雷伊洛将地球仪摆在国王面前，历数了麦哲伦航海的必要性及种种好处。结果，卡洛尔罗斯国王果然被说服了，麦哲伦成功地得到资助，进行了环绕地球一周的航行。然而，在麦哲伦等人结束航海后，人们发现了他对世界地理的认识及他所计算的经纬度有诸多偏差。

可见，卡洛尔罗斯国王之所以资助麦哲伦，并不是因为麦哲伦本人或帕雷伊洛的劝说内容，只是因为他认为帕雷伊洛作为专家，其建议一定值得信赖。所以，适当地运用晕轮效应，有助于我们积极地发展。

此外，在认识或接触其他人和事物的时候，晕轮效应的负面影响会给人的心理带来很大的障碍。

普希金是俄国著名诗人，当他遇到被公认为“莫斯科第一美人”的娜坦丽时，为她的美丽而心动，以至于疯狂地爱上了她。在普希金眼里，一个漂亮的女人也必然有非凡的智慧和高贵的品格。然而，事实并非如此。他们结婚后，普希金每次把自己的诗读给娜坦丽听时，她总是不耐烦地捂着耳朵说：“不听！不听！”相反，她总是要普希金陪她游玩，参加晚会、舞会。普希金为了她放弃了诗歌创作，弄得债台高筑，甚至还为了她与别人决斗而丧失了生命。

通过普希金的故事，我们要明白，在现实生活中，千万不能让“一俊遮百丑”蒙蔽了我们的双眼和理智。对一个人或事物，不要急于下判断，不要以偏概全，要做全面的了解，避免“晕轮效应”的偏差。

正如著名文学家陀思妥耶夫斯基所言：“倘若你想征服全世界，你就得先征服自己。”请辩证地对待我们心中的“光环”，理性地走出精彩的人生！

定律九

控制错觉定律：我们总是会“自信地犯错”

【定律阐释】

控制错觉定律，简而言之，由于人们平常的生活都可以用自己的能力来支配，所以把这种错觉扩展到偶然性的事件上。

彩票真的是自己选就容易中吗

日本有一家保险公司，发了一批头奖 500 万美元的彩票。然后，每张彩票以 1 美元的价格卖给自己的职工。其中，一半彩票是买主自己挑选的，另一半彩票则是卖票人挑选的。到了抽奖那天的早晨，公司专门派调查人员找那些买彩票的人，并对他们说自己的朋友想买彩票，希望他们能转让出来。那么，他们会以多高的价格来出售自己的彩票呢?

关于前面的彩票问题，很多朋友会觉得两者的售价肯定不一样。没错，最后的结果是：不是自己挑选彩票的人平均每张彩票的售价是 1.96 美元，而自己挑选彩票的人平均每张彩票的售价则是 8.16 美元。原因就在于，自己选彩票的人相信自己的中奖率一定较高。

其实，这就涉及心理学上的控制错觉定律，即对于彩票等非常偶然的事件，人们也以为自己的能力可以支配。但客观上来讲，偶然性的事件是受到概率支配的。比如，你扔硬币 1000 次，正面和反面的概率一定是 50%。但是哪一次是正面，哪一次是背面，则是偶然的、不可预测的。

那么，回到最前面买彩票那个例子。实际上，别人给你买和你自己买，从概率上看，中奖的可能性是完全一样的。尽管从理论上人们都应该知道这个道理，可是到了实际操作中，大家往往还是认为自己“精心挑选”的彩票中奖的可能性更高一些。这可能是由于日常生活中的主要行为都能靠我们的努力和训练加以控制，所以就将这种意识错误地推及所有事，包括那些偶然性事件。

心理学家曾做过这样一个实验：他们给大学生一些钱，让他们来做掷骰子的赌博。结果发现，大多数学生都是在掷骰子之前下的赌注大。这是为什么呢？因为学生们都觉得靠自己的努力能使骰子按自己的意愿转动。不过，这根本没有任何逻辑上的依据，只是人们的错觉而已。

了解了控制错觉定律，我们便不难理解：为何赌博游戏会吸引很多人，甚至不少人为此倾家荡产也难以自拔。这些，都需要我们在日常生活中提高警惕。

错觉：该克服时要克服，该运用时要运用

实际生活中，人们很容易产生各种各样的错觉。我国古书《列子》中曾有这样一个有趣的记载：

孔子东游，见两小儿辩斗，问其故。一儿曰：“我以日始出时去人近，而日中时远也。”一儿以日初出远，而日中时近也。一儿曰：“日初出大如车盖，及日中则如盘盂，此不为远者小而近者大乎？”一儿曰：“日初出苍苍凉凉，及其日中如探汤，此不为近者热而远者凉乎？”孔子不能决也。两小儿笑曰：“孰为汝多知乎？”

这里所讲的近如“车盖”，远似“盘盂”，就是错觉现象。简单地说，错觉是指不符合刺激本身特征的错误的知觉经验。它与幻觉或想象不一样，因为它是对应于客观的和可靠的物理刺激的，只是似乎我们的感觉器官在捉弄我们，尽管这样的捉弄自有其道理。再如，飞行员在海上飞行时，海天一色，找不到地标，经验不够丰富者往往因分不清上下方位，产生“倒飞错觉”，造成飞入海中的事故，亦是同理。此外，在一定心理状态下也会

产生错觉，如惶恐不安时的“杯弓蛇影”、惊慌失措时的“草木皆兵”等。

关于错觉产生的原因虽有多种解释，但迄今都没有完全令人满意的答案。客观上，错觉的产生大多是在知觉对象所处的客观环境有了某种变化的情况下发生的；主观上，错觉的产生可能与过去经验、情绪以及各种感觉相互作用等因素有关。

同时，外在因素也会引起我们的错觉。曾有一个实验，有人分别从富裕家庭和贫困家庭挑选 10 个孩子，让他们估计从 1 分到 50 分（美元）硬币的大小。实验发现，来自贫困家庭的孩子比来自富裕家庭的孩子要高估硬币的大小，尤其是 5 分、10 分和 25 分值的硬币。而当硬币不在眼前只靠记忆估测或者把硬币换成相同大小的硬纸板时，则高估情况会急速降低。这个实验形象地证实了在不同家庭环境中形成的态度和价值观对知觉有不可忽略的影响力。

不过，错觉虽然奇怪，但不神秘，研究错觉的成因有助于揭示客观世界的规律。

一方面，可以通过控制消除错觉对人类实践活动的不利影响。例如前述的“倒飞错觉”，研究其成因，在训练飞行员时增加相关的训练，便可有助于消除错觉，避免事故的发生。

另一方面，我们还可以利用某些错觉为人类服务。人们能够通过控制错觉来获得期望的效果。建筑师和室内设计师常利用人们的错觉来创造空间中比其自身看起来更大或更小的物体。例如一个较小的房间，如果墙壁涂上浅颜色，在屋中央使用一些较低的沙发、椅子和桌子，房间会看起来更宽敞。美国宇航局为航天项目工作的心理学家们设计的太空舱内部的环境，使之在知觉上产生一种愉快的感觉。电影院和剧场中的布景和光线方向也常被有意地设计，以产生电影和舞台上的错觉。

定律十

情感宣泄定律：

请给情感一个宣泄的窗口

【定律阐释】

情感宣泄定律，指情感如果不及时宣泄，会引起心理问题。即使你在压抑、克制阶段意识不到它的存在，也只说明它从“显意识层”转移到了“潜意识层”，对你的影响仍然存在，而且一直在找机会真正发泄出去。

由祥林嫂的喋喋不休说开去

鲁迅笔下的祥林嫂，作为《祝福》的主人公，以“喋喋不休地讲述阿毛事件”而为人们所熟知。由于第二个丈夫的死，特别是儿子阿毛的死，祥林嫂的心理处于极度的紊乱状态，正常的精神发展在屡次的灾祸中严重受阻，只有依赖倾诉——反复絮叨她的“阿毛的故事”，来宣泄她那被压抑且痛苦的情感。祥林嫂也是人，这种倾诉，更确切地说是宣泄，完全是创伤心理求得安慰的需要。

仔细想想，我们生活中一反常态的絮叨、歇斯底里，乃至许多失去理智的疯狂举动，不就是因为遭遇灾祸或不顺，对情绪的发泄吗？我们每个人在一生中都会产生数不清的意愿、情绪，但最终能实现、能满足的却并不多，因此也就需要情绪的宣泄。

有人认为，对那些未能实现的意愿、未能满足的情绪，应该千方百计地压抑、克制，不能发泄出来。殊不知，这种做法会产生一种心理上的能量，若不通过其他的途径进行释放，它自身丝毫不会减少，就好像物理学上的“能量守恒定律”。

还有，即使你在压抑、克制阶段意识不到它的存在，但实际上它对你的影响仍然存在，而且一直在找机会真正发泄出去。

王先生是某公司的职员，有段时间经理总是批评他这不对、那不对。自己已经很努力了，可还是被扣上“效率低”的帽子。不过，谁叫人家是领导呢？王先生有怒不敢言，在公司竭力压抑自己，并在心里自我慰藉说“能忍的人情商高”。

可是，每次下班回到家后，王先生总觉得心里堵得慌。于是，他就拿起笔练练字，想通过这种方式平静一下自己。谁料，等他写满一张纸才发现，纸上写的，除了经理的名字外，就是“龌龊”“王八蛋”等一类不满和愤恨的话，连他自己都不敢相信。

通过上面王先生的例子，我们可以看出，情绪需要宣泄的时候，光靠自己的克制是解决不了问题的，即使不经意间，它也会向外流露，方式不仅仅局限于祥林嫂的“说”，王先生的“写”也可以，这就像人类的本能一样。

及时疏导，别让坏情绪“决堤”

生活中，难免会发生失败等不顺我们心意的事情。由此所产生的情绪，如同洪水一样，若不及时把它泄出去，就会给我们心理的堤坝造成强大压力。对此，我们不能采用堵的方法，因为随着水位的升高，堵塞只能是暂时的，到一定程度就会造成“决堤”，那时情况就更严重了。

也许你会问：“在心理上筑高堤坝不行吗？”要知道，如果这样做，势必使人在心理上与外界日益隔绝，造成精神的忧郁、孤独、苦闷及窒息等不良后果。同时，这股暗流达到一定程度，还是要冲破心理的堤坝，甚至导致精神失常。

从科学上来讲，对于这样的情绪，最好的办法是疏导。霍桑工厂的谈话试验就是很好的例证。

美国芝加哥市郊外的霍桑工厂是一个生产电话交换机的工厂，薪资待遇等各方面条件都相当不错，但工人们仍然愤愤不平，生产状况也不理想。为探求原因，美国国家研究委员会组织了一个由心理学家等多方面专家参与的研究小组，对工厂生产效率与工作物质条件之间的关系进行了研究。

在这一系列试验研究中，有一个是谈话试验。在两年多的时间里，心理专家们找工人个别谈话两万余次。在谈话中，专家耐心地听取工人对管理的意见和抱怨，不做任何反驳和训斥，让工人们把不满情绪尽情地宣泄出来。出乎意料的是，这一谈话试验收到了非常好的效果：工厂的工作效率大大提高。

关于这个试验，心理学家分析，工人长期以来对工厂各种管理制度有诸多不满而无处发泄，而专家们通过谈话恰好能让他们将这些不满发泄出来，对情绪起到疏导的作用，从而心情舒畅，干劲倍增，工作效率自然也会大大提高。

再如，中国一些小学为学生开设“情感宣泄”课，让学生走上讲台，讲述自己心中的苦闷、遇到的困惑或者想发泄的事情。这样不仅对学生进行了情绪疏导，为他们提供宣泄的机会，其他同学还可以帮忙想办法、出点子，使学生们在互相帮助中学会如何摆脱苦恼，增进相互间的了解，从而形成融洽的人际关系。

需要注意的是，虽然情绪需要宣泄，但要注意合理性。这就好比我们用高压锅做饭，一方面要将气适当地放掉，另一方面也要保证把饭做好。如果只知道将气泄掉，那么，拿掉整个锅盖就可以达到目的了。然而，这样做却使饭夹生了。因此，情绪宣泄不仅要有建设性，还应该是无害的。

在宣泄的过程中，尽量不要指责别人，而用诉苦的方式，更容易博得别人的理解。也可以找个不影响他人的适当场合，自己大哭一场，或者听音乐、做运动、自言自语、写写日记、养育鱼鸟、种植花木、找心理医生等，都是很好的宣泄方式。

定律十一

禁果效应：

越“禁”越“禁不掉”的心理

【定律阐释】

禁果效应，也叫作“罗密欧与朱丽叶效应”，指越是禁止的东西或事情，人们越是好奇和关注，越是充满窥探的欲望和尝试的冲动。这与人们情绪中的好奇心和逆反心理有关。

“禁果”真的格外甜吗

在古希腊神话中，万神之首宙斯有位侍女叫潘多拉。一次，宙斯派她去传递一个魔盒，并千叮咛万嘱咐不能打开盒子。然而，正是宙斯的告诫，反倒激起她不可遏制的好奇和探究欲望，于是，她不顾一切地打开魔盒，结果，盒子里装有的所有罪恶都跑到了人间。

其实，正是宙斯“禁止打开”的命令促使潘多拉将盒子打开，这就是心理学上所说的“禁果效应”。

俄罗斯有句著名的谚语说：“禁果格外甜。”谈到这个话题，我们就要先从“禁果”说起。它源自《圣经》，指伊甸园“知善恶树”上结的果实。

《圣经·创世记》载，上帝为人类始祖亚当和夏娃建了一个乐园，也就是众所周知的伊甸园。上帝让他们两人住在园中，并负责修葺与看管。同时，上帝还特意嘱咐道：“园内各样树上的果子你们都能吃，唯独知善恶树上的果子你们不能吃，因为吃了它你们就会死。”亚当和夏娃谨记着上帝的教诲。

突然有一天，夏娃没禁得住蛇的诱惑，被神秘的知善恶树上的“禁果”吸引，于是摘下树上的果子，吃了下去。而且，她把果子也给了亚当，亚当也吃了。

后来，上帝得知此事，将他们赶出了伊甸园。同时，上帝惩罚了罪魁祸首——蛇，让它用肚子走路；责罚了夏娃，增加她怀胎的痛苦；责罚了亚当，让他终身劳作才能从地里获得粮食。

夏娃和亚当为什么要违背上帝的旨意偷吃“禁果”？是因为他们饥饿呢，还是因为他们嘴馋？当然都不是。这个关于人类远祖的故事，暗示了人类的本性中具有根深蒂固的“禁果效应”倾向。

在现实生活中，我们常常会遇到这样的情况：越是被禁止的东西或事情，越会引发人们更大的兴趣和关注，使人们充满窥探和尝试的欲望，千方百计通过各种渠道获得或尝试它，即上面所说的“禁果效应”。其实，这种做法与东西本身没有太大的关系，主要是因为“禁”激起了人们情绪中的好奇心理和逆反心理。

这种效应存在的心理学依据在于：无法知晓的“神秘”事物，比能接触到的事物对人们有更大的诱惑力，也更能促进和强化人们渴望接近和了解的需求。我们常说的“吊胃口”“卖关子”，就是因为人们对信息的完整传达有着一种期待心理，一旦关键信息在接受者心里形成接受空白，这种空白就会对被遮蔽的信息产生强烈的召唤。这种“期待—召唤”结构就是“禁果效应”存在的心理基础。“禁果格外甜”，不过是人们的一种心理表现。

巧妙播种“禁果”，品其甜、避其苦

虽然生活中禁果效应无处不在，但它也是一把双刃剑，既有积极的作用，又有消极的作用。

你也许不知道吧，今天我们生活中司空见惯的蔬菜——马铃薯，在刚刚被发现时，就是因为被当作禁果，才得到了广泛的推广。

马铃薯从美洲引进到法国时，很长时间没有得到认可。迷信者把它叫作“鬼苹果”，医生们认为它对健康有害，而农学家则告诉人们，马铃薯会使土壤变得贫瘠。这些“权威人士”的断言，使马铃薯成了不受欢迎、稀奇古怪的东西。

著名的法国农学家安端·帕尔曼切在德国当俘虏时，亲自吃过马铃薯。他尝到了马铃薯的“甜头”，就想回到法国后，在自己的故乡培植它。可是因为那些“权威人士”的断言，谁也不敢种植。

后来他灵机一动，想出了一个办法。他得到国王的许可，在一块出了名的低产田上开始栽培马铃薯。根据他的要求，要由一支身穿仪仗服装、全副武装的卫队看守这块土地。但只是白天看守，到了晚上，卫队就撤了。

这使人们非常好奇，是什么好东西需要卫队这样煞有介事地看守呢？一定是好东西，才怕别人偷啊。人们这样一想，就猜测马铃薯一定是非常美味或很有好处的食品，就禁不住想要知道个究竟。于是，他们商量好，到晚上就到那块土地上偷挖马铃薯，然后种到自己的菜园里去。

结果，马铃薯得到了很好的推广，而且人们发现这是一种风味独特的食品，没有任何可怕的地方。

正是巧妙运用了禁果效应，激发人们与生俱来的好奇心，帕尔曼切推广土豆的目的才得以实现。

除了像帕尔曼切那样利用禁果效应得到积极效果外，生活中还有不少因“禁果效应”适得其反的例子。

比如，历代统治者经常把他们认为是“诲淫诲盗”的书列入“禁书”之列，如我国的《金瓶梅》和西方的萨特、王尔德、劳伦斯等人的作品。但是，被禁不但没有使这些书销声匿迹，反而使它们名声大噪，使更多的人挖空心思要读到它们，反而扩大了它们的影响。再有，一些家长总是喜欢禁止孩子做这做那，如禁止读不健康的书，不让早恋，不允许玩游戏、网络聊天等。但一味地严厉禁止，反而增加了孩子的好奇心、逆反心理，使他们在两种心态的驱使下甘冒风险去尝试那些也许并不甜的“禁果”，最终使教育走向了反面。

可见，透过禁果效应，一方面，我们可以把某些人不喜欢而又有价值的事物人为地变成禁果，以提高其吸引力；另一方面，我们不要轻易把某些不喜欢或不赞成的事物当成禁果，以免人为地增加其吸引力，造成适得其反的效果。

定律十二

情绪转移定律：

小心，坏情绪会传染

【定律阐释】

情绪转移定律，指人的不好情绪如果没有得到适当的宣泄，就会转移到其他人和事上，是一种情绪的蔓延现象。

一场坏情绪的心灵“流感”

生活中，我们的坏心情就像流感一样，如果不加以控制，就会不断蔓延。下面这个有趣的故事，就是很好的证明。

王先生是某私企的总经理，对公司管理非常严格，而且能以身作则，每天都早到迟退。不料，有一天早晨，王先生看报太入迷了，结果出门晚了。他匆匆忙忙地开车，闯了一个红灯，正巧被警察逮到，还被扣了驾驶执照。

本来上班就迟到了，没想到还被扣了驾照，王先生顿时气急败坏。回到办公室，正好碰到项目经理来向他汇报工作。他不带好气地问：“上周那个项目敲定没有？”项目经理告诉他还没有。他突然吼道：“我已经付给你七年薪水了。现在我们终于有一次机会做笔大生意，你却把它弄吹了！如果你不把那个项目争回来，你就别想再踏进公司半步！”

项目经理怀着一肚子不满回到自己的办公室，心想：“我为公司卖了七年力，你王经理不过是个傀儡。现在，就因为我丢掉了一个项目，就恐吓要解雇我，太过分了！”正巧秘书来找他签字，他马上问秘书：“今天早上我给你的那五封信打好了没有？”秘书回答说：“还没。我……”他立刻冒起火来，指责说：“不要找任何借口，我要你赶快打好这些信件。虽然你在这儿干了三年，不表示你会一直被雇佣！”

秘书很愤怒地回到自己的座位，心想：“有病啊！三年来，我一直很努力工作，经常加班，现在就因为我无法同时做两件事，就恐吓要辞退我。太欺负人了！”

秘书下班回家，看到九岁的儿子正悠闲地打着游戏，立刻叫起来：“我告诉你多少次，要好好学习，赶快给我回到房里去看书！”

儿子回到自己房间，心想：“妈妈刚到家就冲我发这么大的火，真过分！”这时，平时他最喜欢的小狗走了过来，可他二话没说就狠狠地踢了小狗一脚：“给我滚出去！”

小狗疼得乱窜，发疯似的冲出门，还咬了一个人——那个人正好是从这里路过的王总经理。

不可思议吧，王先生的消极情绪通过漫长的链条，经过不同人物的传导，最后又回来殃及了自己。在心理学中，这种现象被概括为情绪转移定律，指人的不好情绪如果没有得到适当的宣泄，就会转移到其他人和事上，是一种情绪的蔓延现象。

其实，这样的情绪转移现象在生活中并不少见。一个人的不良情绪一旦无法正当发泄和排解，往往会找一个出气筒，把情绪转移到别人的身上，有时甚至是无意识的，自己也很难控制。但无论如何，拿别人撒气是不对的，对别人是不公平的。

中国有句古话叫“己所不欲，勿施于人”，就像我们不希望别人把自己当出气筒一样，我们也应该适当克制自己的情绪，不要把别人当成自己的出气筒。

掌控自己，别把坏心情传染给别人

既然人人都不希望被当作出气筒，那么，遇到不良情绪时，我们该怎么办呢？

答案很简单，我们要学会调整情绪的方法，及时扭转不良情绪，避免它的蔓延。下面，我们看看这样一个例子：

有一天，一位富有的女士开着车来到一家珠宝店，走近柜台，开始挑选钻石项链。这时，一位男士推门走进珠宝店，也过来选珠宝。可是，男士不小心，正好踩到了女士的脚。见男士没有任何道歉的表示，女士愤怒地指责道："长那么大，难道没学过'礼貌'二字吗？"男士见女士发火，便漫不经心地说"对不起行了吧"，随后还喃喃自语道"真无聊"。女士觉得自己受到了侮辱，就摔门而去，临走还说："没素质！"

莫名其妙地被人踩了一脚，还被人说三道四，女士很生气。谁料，开车回家的路上，又碰巧遇上堵车，女士更加烦躁。"哪来这么多的破车；这些臭司机简直不会开车；那家伙开得那么快，不要命啦；这家伙水平太臭了，怎么学的车？……"女士开始喃喃自语。

刚开动车子没多久，又到了一个交叉路口。她遇上一辆大型卡车，那辆卡车先慢了下来，随后司机伸出头向她示意，让她先过，脸上还带着友好的微笑。

不知怎么，女士一肚子的不快，一下子烟消云散了……

没想到吧，仅仅一次小小的谦让、一个真诚的微笑，就可以给别人带来愉快，让不良的情绪结束蔓延。

生活中，我们要懂得原谅别人。而且，当别人对我们不友好时，不一定是真的对我们有恶意，也许是因为他遇上了生气的事，不知不觉就把气撒到了我们身上。对这样的人，我们也没必要斤斤计较，宽容为怀往往更容易解决问题。

同时，如方岳在诗中所言"不如意事常八九，可与人言无二三"，人在社会中，难免会遇到一些不如意的事情，我们要学会排解不良情绪。

一方面，可以有意识地转移注意焦点。当你遇到挫折，感到苦闷、烦恼，情绪处于低潮时，就暂时抛开眼前的麻烦，不要再去想引起苦闷、烦恼的事，而把注意力转移到自己较感兴趣的活动和话题中去。多回忆自己感到最幸福、最愉快的事，以此来冲淡或忘却烦恼，从而把消极情绪转化为积极情绪。

另一方面，可以自觉地转换环境。如外出散步、旅游参观、调换居住地点等。这样通过新的环境，冲淡、缓解消极的心理情绪。

可见，明智人生需要“不以物喜，不以己悲”的平和。要做到处颓势不倒，处逆境不躁，心静若止水。还要守住一份寂寞，忍耐一份孤独，不随波逐流。自己的情绪，还是要自己做主。

定律十三

自我宽恕定律：

自己的错误总是可以原谅的

【定律阐释】

自我宽恕定律，是指我们对于自己的错误、缺点总是可以很轻易地原谅，而对于别人的却不行。

我的错误都是别人造成的

曾经很流行这样一个观念——“我的错误都是别人造成的”。其实，很少有人会认为自己是坏人，看到自己的缺点，承认自己的错误。虽说知错能改，善莫大焉，但是在现实生活中，却很少有人敢于承认自己的错误，或从来都不认为是自己犯了错。

例如，在公交车上，一男人踩了一女人的脚，女人很生气地质问他：“你干什么呢？踩我脚了，你知不知道？”那男人却说：“谁让你把脚放我脚底下的。”从来都不是他的错，都是别人的错。当然这个例子举得有点儿夸张，但是实际上类似的事真是数不胜数。

当别人指出你的问题时，人们一般不是承认，而是狡辩。先来证明这不是我的错，就怕承担责任和后果。对于自己的行为，自己的过失，人们总能找到解释的理由，而这理由往往又和他人有关，也就是说人们惯于推卸责任而不是承担责任。

在人们的心目中，犯了错就要接受惩罚，为了避免惩罚就先把责任推一边去，或者干脆不承认，也不推诿。这是自尊心太强的缘故，他不允许自己犯错。对自己要求比较高的人，都不会轻易承认自己的错误，因为这样会有损他的形象和自我评价；自卑的人，也不容易承认自己的错误，越是自卑，就越害怕自己犯错，不敢承认自己犯错，因为这样会被别人看不起，自己也会更自卑。人类的这个天性，真是可笑至极。

例如自己起晚了迟到了，却说：“路上碰着个熟人，非拉我说话。”不小心把别人的杯子撞到了地上，却说：“你怎么把杯子放在这么不安全的地方啊？”泼水泼到了人，却说：“谁让你站那儿的？”反正，自己总是对的，别人总是错的。也正因如此，才会出现不可开交的争吵，无法解决的矛盾。公说公有理，婆说婆有理，各人都认为自己有理，都看不到别人的理。不懂得互相体谅和宽容，关系只能越闹越僵。

如果说自私是人类的本性，自我保护是人类的天性，自恋是人类的秉性，那么人类就应该在后天多多学习宽容和体谅他人的能力。

错了就是错了，承认也没什么大不了的。只有认识到自己的错误，才能看到自己的不足。只有敢于承认错误，才能获得进步。金无足赤，人无完人。犯了错误不可怕，可怕的是不知错、不认错、不改错。每个人都有自己的优缺点，在看到自己优点的同时也要清楚地认识到自己的缺点，在看到别人缺点的时候也要懂得欣赏别人的优点。

严于律己，宽以待人

人性有个根深蒂固的特点，就是容易发现别人的缺点和错误，却不容易看到自己的不足。比如，上学的时候，考试结束后，老师让自己改自己的错题，往往会少算一两道；而如果让你去挑别人的错误，那么你会连最小的错误都看到。这就是“自己行，别人不行”的态度在作怪。

中国有句古话叫“只许州官放火，不许百姓点灯”，说的正是这个定律。自己犯多大的错都是可以原谅的，而别人犯一丁点儿错就应该受到重重的处罚。对自己和对别人的态度，截然不同。我们往往对自己放纵，对别人严苛。

胡小梅认为自己是个很高尚善良的人，很讨厌那些背地里说人坏话和向领导打小报告的人。但是，她的消息又是最灵通的。每次工作休息之余，她都会向大家爆很多领导和同事的料，当然是在当事人不在场的情况下。而同事们议论领导的话，她有时候也会不小心透露出一些给领导。久而久之，大家发现一直号称最讨厌背地说人坏话和打小报告的人，却是最经常做这两样事情的人。

人就是这样，不喜欢别人背地里议论自己，却喜欢在背地里议论别人。正所谓："见人之过易，见己之过难。"所以，古人倡导"一日三省吾身"。及时地发现自己的错误，并即时改正。这本来是件简单的事情，但因为能做到的人太少了，所以才显得难能可贵。

现实生活中，很多纷争都是由于我们不肯承认自己的错误，却非得让对方承认错误而引起的。古人云："律己宜带秋风，处事宜带春风。"如果人人能做到这样，那么这世间将少许多纷争。所以，我们要懂得严于律己，宽以待人。这也是中华民族的传统美德。

我们平时不要太与他人计较，也不能太放纵自己。这样我们才能更好地进步，完善自我，与他人的关系也会变得更加和谐融洽。正所谓："以责人之心责己，以恕己之心恕人。"如果能以这样的态度对人对事，那么就能化隔阂为理解，化矛盾为情谊，变错误为机遇，变不足为优势。

《菜根谭》里说："人之过误宜恕，而在己则不可恕；己之困辱宜忍，而在人则不可忍。""责人者，原无过于有过之中，则情平；责己者，求有过于无过之内，则德进。"讲的就是这个道理。对待自己要严苛，对待别人要宽容。对自己过于放纵，只能让自己的惰性越来越大，错误越犯越多；而对别人过于苛刻，只能给自己徒增麻烦和烦恼，让自己越来越不招别人喜欢。所以，面对自我时，要戴上眼镜仔细瞧毛病；而面对别人时，要摘掉眼镜使劲想优点。

自我是一本书，是一个谜，是一个孩子。我们要翻阅它，要猜透它，要教育他。更好地塑造自我，就要看到自己的不足和错误，然后弥补不足改正错误。

定律十四

虚假同感偏差：

“以己度人”未必可靠

【定律阐释】

虚假同感偏差，又叫作“虚假一致性偏差”，在1977年由美国斯坦福大学的社会心理学教授里罗斯证实并提出。它指的是人们经常会高估或夸大自己的信念、判断及行为的一种心理上的普遍性。当遇到与此相冲突的信息时，这种偏差使人坚持自己的社会知觉，哪怕这种知觉是错误的。

我们为何会自信地“以己度人”

有这样一则寓言故事，虽然沉重却发人深省：

古时候，在一个寒冷的冬天，有一个木匠一边带着孩子，一边在地主家干活。木匠很卖力，干活干得大汗淋漓，就把自己的衣服一件一件地脱了下来。这时，他突然想到了身边的孩子，生怕孩子也热，也同样把孩子的衣服都给脱掉了。结果，孩子被冻死了。

看罢此故事，有的朋友可能会觉得这个木匠很愚蠢，但是，这种“愚蠢”正是虚假同感偏差的典型表现。人们总是会在不经意间夸大自己意见的正确性，甚至把自己的特性也赋予在他人身上，想象着每个人与自己都是相同的，这样一来，如果自己有疑心，就会认为周围的其他人都是疑心重重。这种虚假同感偏差可以使你通过坚信自己的信念和判断，从而获得自尊和优越感，但是，与此同时，它也可能会像那个愚蠢的木匠一样，给你带来决策和选择的错误。

那么，是什么因素在影响着一个人的虚假同感偏差呢？我们可以从以下 5 个方面加以考虑：

1. 当前的行为或事件对你非常重要的时候

生活中，你或许听到过这样的言论："爱有多深，恨便有多浓。"当一对情侣分手之后，之前的爱意都将转化为瞬时的愤怒或者长久的积怨。如果你作为他们的朋友，其中一方总会在你面前抱怨："那家伙是个狼心狗肺的混蛋！是不是？"他们会坚定地认为你也会和她站在同一个阵营里，并一起和他们同仇敌忾，尽管你心里并不是那么想的。

2. 当你非常确信并坚定自己的观点或意见的时候

对一个问题相当确定的人，自然会倾向于认为别人也持有相同意见，即使受到反驳，也不会轻易悔改。比如，一个高中生特别擅长某类数学应用题，在其他同学看来是困难的题目，他总是能快速形成解题的思路。而如果有哪一次他自己也遇到难题无能为力时，他就会认为其他人肯定也做不出来。即使有的同学解答出来了，他也会认为是错误的。

3. 当你的地位和正常生活受到某种威胁的时候

如果你面临一个重大事件，比如说你的家乡发生了一起重大刑事案件，或者你所在的单位要进行一次大规模的人员调动，你肯定会在心里格外关注这些事件，同时，认为别人也会觉得这事很重要，而且会持有和你一样的观点。其实，无论是家乡，还是单位，那都是"你的"，别人或许只会关心，但不会像你那样如此在乎。

4. 当涉及到某种积极的品质或个性的时候

平时，我们总会说"以小人之心度君子之腹"，但是，虚假同感偏差正好相反，是"君子之心度小人之腹"。例如，在公司公开竞聘时，很多人总会在心里暗示："我认为自己入职以来的工作态度和业绩都很优秀，领导和同事们也看在眼里，所以不会有人不选择我的。"其实，我们都知道，无论身处何种环境中，由于性格等原因的差异，不可能每个人都喜欢你，我们也没有理由让每个人都赞同自己。

5. 当你将其他人看成与自己是相似的时候

无论身处何时何地，当人们习惯了自身的生活方式之后，便会把这种习惯看作是理所应当的事情。例如，在科技发达的现代社会，人们在办理公务、生活学习方面越来越依赖于电脑。如相隔异地召开视频会议，通过信息平台发布通知，使用电子邮件上交作业，等等。当人们越来越习惯于这种沟通交流方式的时候，如果偶然发现身边还有人没有电子邮箱，写文章的时候还用钢笔和稿纸，便会瞠目结舌。殊不知，只是他们忽略了，并不是每个人都和他们是一样的。

让虚假同感偏差回归原点

有的时候，在确定的场合和事件中，由于虚假理论偏差在起作用，可能会在人际交往中带来一些小小的困扰，但这并不是意味着虚假理论偏差就是一种自私狭隘的坏品质。归根结底，它属于人的一种本能。

既然是本能，人类自身也无法避免。但是，人们可以通过认识这种理论，从而正确利用这种定律，使它服务于人，造福于人。

首先，不要先入为主地对他人的观点进行主观臆断。当遇到某些事情需要大家说出观点或想法的时候，尽量先从自身的角度出发，经过深思熟虑，说出最适合自己，也最能代表自己心声的观点。而不要削尖了脑袋去做别人肚子里的蛔虫，猜测他人的想法。试想，如果猜对了，短时间内可能会增加个人的成就感，但其长远结果是，这样的人会因为热衷于追求这种所谓的成就感而变得猜忌他人。而如果猜错了，则会产生心理落差，影响情绪，从而影响到工作学习的效率，得不偿失。更为重要的是，虚假同感偏差只是一种与生俱来的本能，而主观臆断则会使这种本能偏离原先的轨道，将其夸大化。

其次，客观对待并尊重他人的不同观点。我们应该清醒地意识到，每个人的想法都是不同的，你有坚持自己观点的权利，但别人没有认同你所有的观点的义务。了解了虚假同感偏差理论，我们就应该客观地看待自己的观点，宽容地尊重他人的观点。如果能真正做到这一点，将有助于人们建立沟通和对话渠道，增进相互间的了解，加深彼此的情谊。

最后，要敢于接受他人的反驳。在自然界，存在着生物多样性的现象；在人类这个大群体中，自然也要有思想多元化的现象。无论在什么场合，当两个人甚至几个人的观点针锋相对的时候，要敢于接受，就事论事，不要认为这是所谓的人身攻击，从而产生不必要的冲突。其实，有的时候，观点相左反倒是一件好事，一个好的策划方案、一个优秀的电视节目、一个新颖大胆的科学设想，往往是在参与者争论得面红耳赤之后产生的，正所谓“集思广益”。所以，正视虚假同感偏差，将他人的反驳看作是对问题的切磋。在工作和学习中，人们需要这种“切磋”。

当人们真正理解了虚假同感偏差，并能够学以致用的时候，这个定律中的“偏差”也就回归到原点了。

定律十五

马斯洛理论：

人是一种有欲求的动物

【定律阐释】

马斯洛理论，由心理学家马斯洛在1970年提出，认为人是一种有欲求的动物，人的需求也有一个从低到高的顺序。该理论认为人的生理需要是最基本的，再向上依次是安全、爱与归属、被尊重和自我实现的需要。这些都属于高层次的心理需要。人们会不停地追求各种目标。当这种需要获得满足之后，人们又会产生另外的需要，继续去寻求另外的目标。

人类的五大需求

有人说，生，容易；活，容易；生活，却不容易。也有人说，我们吃饭是为了活着，但是活着却不仅仅是为了吃饭。很简单的两句话，却给我们揭示了一个很深刻的道理：单纯的生存只要满足基本的生理需求就可以了，但是生活不一样，在满足了吃穿住行这些基本的生活需求之后，我们还需要更多的东西。我们还会有梦想，有追求，渴望成功，渴望被尊重。

究竟人类需要的是什么？马斯洛是这样告诉我们的：

第一，生理需要。我们首先要安排好自己的衣食住行，满足自己的温饱，并不是因为我们喜欢，而是因为我们需要，因为这些基本的生理需要能保证我们继续作为一个健康的个体存活下来。这类需求的级别较低，但是生理需要对于人的作用，就相当于地基对于高楼大厦，没有这些基本需要做依托，其他的需要都是空中楼阁。因此，它对于一个人的生存发展起着决定性的基础作用。

第二，安全需要。安全需要是指一个人对自身的人身安全、生活稳定有一定的需要。同时，也希望免遭痛苦、远离威胁或者摆脱疾病。同生理需求一样，在安全需求没有得到满足之前，人们最关心的就是这种需求。成语中所说的“安居乐业”所要表达的就是这层含义。只有保证一个安全的生存环境，才有心情去考虑其他事情，创造属于自己的事业。

第三，归属和爱的需要。在前面两个需要得到满足之后，归属和爱的需要就显现出来了。它是指一个人希望有和睦的家庭，有来自父母和其他亲人的关爱，有心灵的归属感。年龄越小，这种需要就越强烈。随着年龄的增长，这种需要的对象将会逐渐扩大到朋友、伴侣身上。这一需要是与前面两个层次截然不同的另一层次。

第四，尊重需要。尊重需要既包括自己对自己的认同，也包括他人对自己的尊重与认可。有这种需要的人希望别人能接受他们，并认为他们有能力，他们关心的是成就、名声、地位和晋升机会。当他们得到这些时，不仅赢得了人们的尊重，同时也会因对自己价值的满足而充满自信。这种需要应该把持一定的限度，如果任其泛滥，将会由正常的需要而变为可怕的自负。

第五，自我实现的需要。自我实现的需要，想要达到这一层次的人，主要表现在工作学习和生活的追求。随着前四种需求的满足，人们开始寻找生活的乐趣，开始学习更多的知识，尽量地享受工作外的精神生活。例如，各种技能培训，以及旅游、疗养等各类休闲娱乐活动。

这就是马斯洛给我们归纳的人类的需要层次理论。掌握这个理论，将有助于我们更清晰地认清自我，更融洽地与周围的人交往，拓宽自己的交往范围，融合自己的人际关系。

如何有效利用需求层次

马斯洛理论包含了人类由低级到高级的各种需求，因此，它与我们现阶段的每个人都息息相关。那么，如何有效利用这些需要层次，为我们的生活锦上添花，真正让理论为我们所用呢？

首先，要学会尊重他人。推己及人，想要得到别人的尊重，就必须先尊重别人：尊重父母，感谢他们多年来的养育之恩，在未来的日子里，也要用同样的尊重与敬爱去回报父母；尊重朋友，让彼此在平等和谐的环境中交流，就可以增进相互间的了解，加深彼此的感情；尊重员工，消除等级制度，实行弹性工作制，调动员工的积极性，真正以企业为家，做企业的主人。尊重身边的每一个人，一点一滴积累起来的友善资源，将是人生路上最宝贵的财富。给予别人这些肯定，满足他们的精神需求，就可以获得更好的人际关系，获得更多的回报。

其次，在生活中科学合理地安排各个层次的需要。在现代的许多家庭教育中，都背离了这个层次理论。孩子正值童年，正是天真烂漫，无忧无虑的年龄，但是大多数孩子在这个年龄段却没有享受到他应有的那份童真，而是整天奔波于学校和各个补习班之间。周末如此，寒暑假也是如此。书法、英语、游泳、声乐……也许家长看着自己孩子取得的成绩会觉得欣慰，但是这些所谓的成绩都不是孩子真正想要的。从马斯洛理论的角度来看，正值童年的孩子，物质生活无忧，家庭生活相对稳定，父母双亲都视为掌上明珠，已经满足了基本的生理需要、安全需要、归属和爱的需要。那么接下来就应该满足尊重需要，但是孩子们的想法和需要并没有得到应有的尊重，而是将这一需要直接跨越过去，直接到达了自我实现的需要层次。这中间就出现了一个需要层次上的断层。而要让孩子自己来适应这个断层，自然是难上加难的，因此，才会导致现在的孩子们童年不开心。如果每一位家长都能熟知马斯洛理论，并将其精髓充分领会，那么就会尊重孩子的喜好，遵循孩子的成长规律，而不是在他们这个可以自由玩耍的年龄就要把他们打造成各个行业的大师。

最后，要适度追求各个层次的需要。马斯洛理论所提出的五个需要层次都是人类生理上和心理上所必需的。缺少了其中任何一个，生活都会显得黯然失色。同样，过犹不及，对每一个层次的需要都有强烈的欲求，也不是人们应该持有的态度。坚持适度原则，才是最明智的选择。

对生理需要的欲求过盛，将会缩小自己身上的人性，而夸大了其动物性。对心理需要的欲求过盛，将会影响个人的道德品质，使个体迷失在欲望的沟壑里而无法自拔。因此，对各个层次的需要保持适度的追求，才能让美妙的生活之花开得绚烂、长久。

定律十六

洛克定律：

确定目标，专注行动

【定律阐释】

要想成功就要制定一个可行的目标。正像美国管理学家埃得温·A.洛克说的那样：当目标既是未来指向的，又是富有挑战性的时候，它便是最有效的。

有目标才会成功

目标，是赛跑的终点线，是跳高的最高点，是篮圈，是球门，是一个人要做一件事所要达成的自己，是奋斗的方向。没有目标，人就会变成没头的苍蝇，盲目而不知所措。没有目标，你终会因碌碌无为而悔恨；没有目标，你就很难与成功相见。

人要有一个奋斗目标，这样活起来才有精神，有奔头。那些整天无所事事、无聊至极的人，就是因为没有目标。从小就要为自己的人生制定一个目标，然后不断地向它靠近，终有一天你会达到这个目标。如果从小就糊里糊涂，对自己的人生不负责任，没有目标没有方向，那这一生也难有作为。每个人出门，都会有自己的目的地，如果不知道自己要去哪里，漫无目的地闲逛，那速度就会很慢；但当你清楚你自己要去的地方，你的步履就会情不自禁地加快。如果你分辨不清自己所在的方位，你会茫然若失；一旦你弄清了自己要去的方向，你会精神抖擞。这就是目标的力量。所以说，一个人有了目标，才会成功。

美国哈佛大学曾经做过一项关于“目标”的跟踪调查，调查的对象是一群智力、学历和环境等都差不多的年轻人。调查结果显示：90%的人没有目标，6%的人有目标，但目标模糊，只有4%的人有非常清晰明确的目标。20年后，研究人员回访发现，那4%有明确目标的人，生活、工作、事业都远远超过了另外96%的人。更不可思议的是，4%的人拥有的财富，超过了96%的人所拥有财富的总和。由此可见目标的重要性。

一位哲人曾经说过，除非你清楚自己要到哪里去，否则你永远也到不了自己想去的地方。要成为职场中的强者，我们首先就要培养自己的目标意识。古希腊的彼得斯说："须有人生的目标，否则精力全属浪费。"古罗马的小塞涅卡说："有些人活着没有任何目标，他们在世间行走，就像河中的一棵小草，他们不是行走，而是随波逐流。"

在这个世界上有这样一种现象，那就是"没有目标的人在为有目标的人达到目标"。因为有明确、具体的目标的人就好像有罗盘的船只一样，有明确的方向。在茫茫大海上，没有方向的船只能跟随着有方向的船走。

有目标未必能够成功，但没有目标的人一定不能成功。博恩·崔西说："成功就是目标的达成，其他都是这句话的注解。"顶尖的成功人士不是成功了才设定目标，而是设定了目标才成功。

目标是灯塔，可以指引你走向成功。有了目标，就会有动力；有了目标，就会有方向；有了目标，就会有属于自己的未来。

目标要"跳一跳，够得着"

目标不是越大越好，越高越棒，而是要根据自己的实际情况，制定出切实可行的目标才最有效。这个目标不能太容易就能达到，也不能高到永远也碰不着，"跳一跳，够得着"最好。

这个目标既要有未来指向，又要富有挑战性。比如那篮圈，定在那个高度是有道理的，它不会让你轻易就进球，也不会让你永远也进不了球，它正好是你努努力就能进球的高度。试想，如果把篮圈定在1.5米的高度，那进球还有意义吗？如果把篮圈定在15米的高度，还有人会去打篮球吗？所以，制定目标就像这篮圈一样，要不高不低，通过努力能达到才有效。

曾经有一个年轻人，很有才能，得到了美国汽车工业巨头福特的赏识。福特想要帮这个年轻人完成他的梦想，可是当福特听到这位年轻人的目标时，不禁吓了一跳。原来这个年轻人一生最大的愿望就是要赚到1000亿美元，超过福特当时所有资产的100倍。这个目标实在是太大了，福特不禁问道："你要那么多钱做什么？"年轻人迟疑了一会儿，说："老实讲，我也不知道，但我觉得只有那样才算是成功。"福特看看他，意味深长地说："假如一个人果真拥有了那么多钱，将会威胁整个世界，我看你还是先别考虑这件事，想些切实可行的吧。"5年后的一天，那位年轻人再次找到福特，说他想要创办一所大学，自己有10万美元，还差10万美元，希望福特可以帮他。福特听了这个计划，觉得可行，就决定帮助这位年轻人。又过了8年，年轻人如愿以偿地成功创办了自己的大学——伊利诺斯大学。

所以说，如果一个人的目标定得过大，听起来很空洞，没有一点儿可行性，那这个目标只是一个空谈，永远没有可以兑现的一天。

千里之行始于足下，汪洋大海积于滴水。成功都是一步一步走出来的。当然也有人一夜暴富，一下成名，但是谁又能看到他们之前的努力与艰辛。在俄国著名生物学家巴甫洛夫临终前，有人向他请教成功的秘诀。巴甫洛夫只说了八个字："要热忱而且慢慢来。""热忱"，有持久的兴趣才能坚持到成功。"慢慢来"，不要急于求成，做自己力所能及的事情，然后不断提高自己；不要妄想一步登天，要为自己定一个切实可行的目标，有挑战又能达到，不断追求，走向成功。

拿破仑·希尔说过："一个人能够想到一件事并抱有信心，那么他就能实现它。"换句话说，一个人如果有坚定明确的目标，他就能达成这一目标。坚定是说态度，明确是讲对自我的认识程度。每个人都有自己的优点和缺点，有自己的爱好与厌恶，所以每个人所制定的目标也是不一样的。

要根据自己的实际情况，制定自己“跳一跳，够得着”的目标。首先要对自己的实际情况有一个清晰的认识。对自己的能力、潜力，自己的各方面条件都有一个明确的把握，经过仔细考虑定出属于自己的奋斗目标。有些人之所以一生都碌碌无为，是因为他的人生没有目标；有些人之所以总是失败，是由于他的目标总是太大太空，不切实际。因此，想要成功，就要先为自己制定一个奋斗目标，属于自己的“跳一跳，够得着”的奋斗目标。

定律十七

瓦拉赫效应：

成功，要懂得经营自己的长处

【定律阐释】

瓦拉赫效应，指人的智能发展都是不均衡的，都有智能的强点和弱点，人一旦找到自己的智能最佳点，使智能潜力得到充分的发挥，便可取得惊人的成绩。

经营自己的长处，让人生增值

曾有一个叫奥托·瓦拉赫的人，中学时，父母为他选了文学之路，可一学期下来，老师给他的评语竟为："瓦拉赫很用功，但过分拘泥，这样的人即使有着完美的品德，也绝不可能在文学上发挥出来。"无奈，他又改学油画，但这次得到的评语更令人难以接受："你是绘画艺术方面的不可造就之才。"面对如此"笨拙"的学生，大多数老师认为他已成才无望，只有化学老师觉得他做事一丝不苟，这是做好化学实验应有的品格，建议他试学化学。谁料，瓦拉赫的智慧火花一下子被点燃了，并最终成了诺贝尔化学奖的得主……

这就是人们广为传颂的"瓦拉赫效应"。

比尔·盖茨，这位赫赫有名的世界级成功典范，令无数的人仰慕不已。他的成功，与他把握住未来的大趋势，尤其是懂得经营自己的强项密不可分。

事实上，盖茨一开始就与伙伴保罗·艾伦看到了个人电脑将改变整个世界的趋势，他们两个人经常通宵达旦地探讨个人电脑世界将会是什么样子，对这场革命的到来深信不疑。对于初出茅庐的微软来说，“它将到来”是他们的坚定信念，而他们为这将要到来的计算机时代开发软件。虽然他们没想到他们的公司能迅速跻身于世界舞台的前列，并发挥着超凡的作用，但当时他们至少窥见了IBM或数字设备公司这样的主板生产公司已陷入他们自身无法意识到的困境了。“我记得从一开始我们就纳闷，像数字设备公司这样的微机生产商生产出的机器功能强大而价格低廉，那么他们的发展前景在哪里呢？”“IBM的前景又在哪里呢？在我们看来，他们好像把一切都弄糟了，而且他们的未来也将是一团糟。我们对上帝说，天啊，这些人怎么能不警觉呢？他们怎么能不震惊害怕呢？”

盖茨的技术知识是微软所向披靡的成功秘诀中最重要的一条，而这也正是他的核心强项，他始终保持着对这一领域的决定权。在许多时候，他比他的对手更清楚地看到了未来科技的走势。

微软公司的同事们都盛赞盖茨的技术知识让他独具优势。他总是能提出正确的问题，他对程序的复杂细节几乎了如指掌。“你会纳闷，他怎么知道的呢？”布莱德·斯利夫伯格这位参加了视窗开发设计的人这么说过。

和盖茨个人以强项打天下的套路几乎如出一辙，微软公司把开发新产品作为全部事业的中心，根据市场需求推陈出新，发挥自身优势，力求变弱为强，深谋远虑，未雨绸缪，牢牢把握住了世界信息产业市场的未来。

微软与任何公司一样，实际上类似于一个动态的人体系统。它之所以能够有效运行，是因为微软人将竞争所需的各种技术能力和市场知识结合起来，并且把它们付诸行动。产品开发是微软所有事业的中心，公司的存亡和盛衰关键在于新产品。

微软还必须源源不断地增添有用功能来说服其成百万的现有顾客购买产品的新版本，虽然旧版本对于绝大多数人已经够用。为了保持市场份额在未来持续增长，微软计划创建种类繁多的、结合先进的多媒体及网络通信技术的消费性产品。显然，微软面临的一个关键问题是公司是否能够继续增进其开发能力，并且建立更大、更复杂的软件产品和以软件为基础的信息服务。就像我们已经指出的那样，微软还必须极大地简化这些中间产品，从而将它们成功地推销给世界上数十亿的新兴家庭消费者。

不言而喻，微软公司今日的成功，很大程度上得益于盖茨准确的市场定位和产品的推陈出新。人们公认微软公司的成功是由于“不停地创新”，而盖茨对未来形势精确的分析和其独有的战略眼光，以及对自己强项的经营程度，不仅为微软公司的员工，也为其对手所称道。

这一切，也正是“瓦拉赫效应”的典型体现，幸运之神就是那样垂青于忠于自己个性长处的人。正如松下幸之助所言：人生成功的诀窍在于经营自己的个性长处，经营长处能使自己的人生增值，否则，必将使自己的人生贬值。

承认缺憾，弥补缺陷

在美国某个学校的一间教室里，坐着一个八岁的小孩，他胆小而脆弱，脸上经常带着一种惊恐的表情。他呼吸时就好像别人大喘气一样。

一旦被老师叫起来背诵课文或者回答问题，他就会惴惴不安，而且双腿抖个不停，嘴唇也颤动不安。自然，他的回答时常含糊而不连贯，最后，他只好颓废地坐到座位上。如果他能有副好看的面孔，也许给人的感觉会好一点儿。但是，当你向他同情地望过去时，你一眼就能看到他那一副实在无法恭维的龅牙！通常，像他这种小孩，自然很敏感，他们会主动地回避多姿多彩的生活，不喜欢交朋友，宁愿让自己成为一个沉默寡言的人。但是，这个小孩却不如此，他虽然有许多的缺憾，然而同时，在他身上也有一种坚韧的奋斗精神，一种无论什么人都可具有的奋斗精神。事实上，对他而言，正是他的缺憾增强了他去奋斗的热忱。他并没有因为同伴的嘲笑而使自己奋斗的勇气有丝毫减弱。相反，他使经常喘气的习惯变成了一种坚定的声响；他用坚强的意志，咬紧牙根使嘴唇不再颤动；他挺直腰杆使自己的双腿不再战栗，以此来克服他与生俱来的胆小和众多的缺陷。

这个小孩就是西奥多·罗斯福。

他并没有因为自己的缺憾而气馁。相反，他还千方百计把它们转化为自己可以利用的资本，并以它们为扶梯爬到了荣誉的顶峰。他用一种方法战胜了自己的缺憾，这种方法是大家都可以用得上的。到他晚年时，已经很少有人知道他曾经有过严重的缺憾，他自己又曾经如何地惧怕过它。美国人民都爱戴他，他成了美国有史以来最得人心的总统之一。

盖茨说："我们尊敬罗斯福，同时，也希望我们能像他一样，为改变自己的命运做些努力。如果我们尝试着去做一件还有点价值的事，假如失败了，我们便借故来掩饰自己，那么我们就是在以自己的缺憾为借口了。"缺憾应当成为一种促使自己向上的激励机制，而不是一种自甘沉沦的理由，它暗示你在它上面应当作一点儿努力。

重要的并不在于你所做的是什么事，而在于你应当采取某种行动。最不可取的态度是一点事情都不去做，一味让自己躲藏在困难的后面，动不动就被困难吓倒，这很容易让自己滋生一种自卑感，久而久之，就什么事情都不敢去做了。那么，一个人什么时候应当坦然承认自己的缺陷，什么时候又应当去和困难斗争呢？

不言而喻，真正懂得经营自己强项的人是十分明智的，但同时，我们也要学会承认缺憾，弥补缺陷。

定律十八

艾森豪威尔法则：分清主次，高效成事

【定律阐释】

艾森豪威尔法则，又称四象限法则，指处理事情应分主次，确定优先的标准是紧急性和重要性，据此可以将事情划分为必须做的、应该做的、量力而为的、可以委托别人去做的和应该删除的五个类别。

做事分等级，先抓牛鼻子

一天，动物园管理员发现袋鼠从笼子里跑出来了，于是开会讨论，大家一致认为是笼子的高度过低。所以他们将笼子由原来的10米加高到30米。第二天，袋鼠又跑到外面来，他们便将笼子的高度加到50米。这时，隔壁的长颈鹿问笼子里的袋鼠："他们会不会继续加高你们的笼子？"袋鼠答道："很难说。如果他们再继续忘记关门的话！"

事有"本末""轻重""缓急"，关门是本，加高笼子是末，舍本而逐末，当然不见成效了。与之类似，我们常常会看到这样的现象，一个人忙得团团转，可是当你问他忙些什么时，他却说不出个具体来，只说自己忙死了。这样的人，就是做事没有条理性，一会儿做这一会儿做那，结果没一件事情能做好，不仅浪费时间与精力，更没见什么成效。

其实，无论在哪个行业，做哪些事情，要见成效，做事过程的安排与进行次序非常关键。

有一次，苏格拉底给学生们上课。他在桌子上放了一个装水的罐子，然后从桌子下面拿出一些正好可以从罐口放进罐子里的鹅卵石。当着学生的面，他把石块全部放到了罐子里。

接着，苏格拉底向全体同学问道：“你们说这个罐子是满的吗？”

学生们异口同声地回答说：“是的。”

苏格拉底又从桌子下面拿出一袋碎石子，把碎石子从罐口倒下去，然后问学生：“你们说，这罐子现在是满的吗？”

这次，所有学生都不作声了。

过了一会儿，班上有一位学生低声回答说：“也许没满。”

苏格拉底会心地一笑，又从桌下拿出一袋沙子，慢慢地倒进罐子里。倒完后，再问班上的学生：“现在再告诉我，这个罐子是满的吗？”

“是的！”全班同学很有信心地回答说。

不料，苏格拉底又从桌子旁边拿出一大瓶水，把水倒在看起来已经被鹅卵石、小碎石、沙子填满了的罐子里。然后又问：“同学们，你们从我做的这个实验得到了什么启示？”

话音刚落，一位向来以聪明著称的学生抢答道：“我明白，无论我们的工作多忙，行程排得多满，如果要逼一下的话，还是可以多做些事的。”

苏格拉底微微笑了笑，说：“你的答案并不错，但我还要告诉你们另一个重要经验，而且这个经验比你说的可能还重要，它就是：如果你不先将大的鹅卵石放进罐子里去，你也许以后永远没机会再把它们放进去了。”

通过这个故事，我们发现，做事前的规划非常重要。在行动之前，一定要懂得思考，把问题和工作按照性质、情况等分成不同等级，然后巧妙地安排完成和解决的顺序。这样才能收到事半功倍的成效。

这就是艾森豪威尔原则的明智之处。它告诉我们，做事前需要科学地安排，要事第一，先抓住牛鼻子，然后再依照轻重缓急逐步执行，一串串、一层层地把所有的事情拎起来，条理清晰，成效才能显著，不要眉毛胡子一把抓。再如最前面动物园的例子，凡事都有本与末、轻与重的区别，千万不能做本末倒置、轻重颠倒的事情。

艾森豪威尔原则分类法

我们知道了做任何事情，只有事前理清事情的条理，排定具体操作的先后顺序，一切才能流畅地进行，并得到良好的收效。

在这方面，艾森豪威尔原则给出了一些具体的方法，可以帮助我们根据自己的目标，确定事情的顺序。

这一原则将工作区分为 5 个类别：

A：必须做的事情；

B：应该做的事情；

C：量力而为的事情；

D：可委托他人去做的事情；

E：应该删除的工作。

每天把要做的事情写在纸上，按以上 5 个类别将事情归类：

A：需要做；

B：应该做；

C：做了也不会错；

D：可以授权别人去做；

E：可以省略不做。

然后，根据上面的归类，在每天大部分的时间里做 A 类和 B 类的事情，即使一天不能完成所有的事情，只要将最值得做的事情做完就好。

同样的道理，把自己 1 ~ 5 年内想要做的事情列出来，然后分为 ABC 三类：

A：最想做的事情；

B：愿意做的事情；

C：无所谓的事情。

接着，从 A 类目标中挑出 A1、A2、A3，代表最重要、次重要和第三重要的事情。

再针对这些 A 类目标，抄在另外一张纸上，列出你想要达成这些目标需要做的工作，接着将这份清单再分出ABC等级：

A：最想做的事情；

B：愿意做的事情；

C：做了也不会错的事情。

把这些工作放回原来的目标底下，重新调整结构，规划步骤，接着执行。

这些又被称为六步走方法，即挑选目标、设定优先次序、挑选工作、设定优先次序、安排行程、执行。把这些培养成每天的习惯，长期坚持并贯彻下去，相信，无数个条理性的成功慢慢累积，将会使你拥有非常成功的人生。

现实生活中，很多时候，我们总觉得自己身边有“时间盗贼”，没做多少事情，一天就匆匆过去。忙忙碌碌，年复一年，成绩、业绩却寥寥无几。

有句老话说得好：“自知是自善的第一步。”要想改善现状，首先要找出问题的根源。此刻，请你仔细地考虑一下，到底是什么偷走了你的时间？是什么让你日复一日地感到时间的压力？想明白这些问题，拿起笔和纸，按照艾森豪威尔原则，开始规划你的每一天，让时间不再像以往那样在不知不觉中被偷走。

定律十九

相关定律：

条条大路通罗马，万事万物皆联系

【定律阐释】

相关定律，指世界上的每件事情之间都有一定的联系，没有一件事情是完全独立的。要解决某个难题，最好从其他相关的某个地方入手，而不只是专注在一个困难点上。

源自“万事万物皆有联系”的“以此释彼”智慧

哲学认为，万事万物皆有联系，世界上没有孤立存在着的事物。例如，水涨船高，说的是水与船的联系；积云成雨，说的是云与雨的联系；冬去春来，说的是冬季与春季之间的联系……

正是由于事物之间存在这种普遍联系，它们才会相互作用，相互影响。因此，一个问题的解决，往往影响到其周围与之相连的众多事物。这就为我们解决问题带来了很好的启发：在进行创造性思维、寻找最佳思维结论时，可根据其他事物的已知特性，联想到与自己正在寻求的思维结论相似和相关的东西，从而把两者结合起来，达到“以此释彼”的目的。即运用心理学中的相关定律。

在这方面，美国铁路两条铁轨之间标准距离的由来就是最好的例证。

美国的铁路两条铁轨之间的标准距离是 4.85 英尺。人们对于这个很奇怪的标准非常好奇。美国的铁路原先是由英国人建造的，所以采用了英国的铁路标准 4.85 英尺。

人们又问："英国人又为什么要用这个标准呢？"原来英国的铁路是由建电车的人所设计的，而4.85英尺是电车轨道所用的标准。

那电车的铁轨标准又是从哪里来的呢？原来最先造电车的人以前是造马车的，而他们则是沿用了马车的轮宽标准。

可马车为什么一定要用这个轮距标准呢？因为如果那时候的马车用任何其他轮距的话，马车的轮子很快会在英国的老路上撞坏的。这又是为什么呢？因为这些路上的辙迹的宽度都是4.85英尺。

那么，这些辙迹又是从何而来的呢？答案是古罗马人所制定的，而4.85英尺正是罗马战车的宽度。

于是又会有人问："为什么会选择罗马战车的宽度呢？"因为在欧洲，包括英国的长途老路，都是由罗马人的军队所铺的，所以，如果任何人用不同的轮宽在这些路上行车的话，轮子的寿命都不会长。

最后，人们还会问："罗马人为什么以4.85英尺为战车的轮距宽度呢？"

原因很简单，这是两匹拉战车的马的屁股的宽度……

通过这个经典的实例，我们可以看出，人们想知道美国铁路两条铁轨之间的标准距离是根据什么设计出来的，并不是一下子就在马屁股上找到答案的，而是通过英国铁路、英国电车、马车、老路辙迹、罗马战车、罗马老路等一系列与该问题相关的事物，顺藤摸瓜，最终找到了想要的答案。

其实，由于万事万物无不处于联系之中，我们遇到问题，应学会发散思维，不要总揪住一个点不放，想不通时，不妨找些与问题相关联的事物，从这些相关处着手，利用"以此释彼"的智慧，往往会令你恍然大悟。

做人不要一根筋，做事不要一条路跑到黑

生活中，我们常用"一条路跑到黑"来形容那些一根筋或钻牛角尖

的人。然而，在遇到难题的时候，人们又往往不自觉地成为“一条路跑到黑”的傻瓜。那么，我们如何在难题面前不当傻瓜呢？先看一看下面这个例子：

加拿大伯塔省有一名叫斯考吉的高中女生。为了实现自己到25岁成为百万富翁的誓言，斯考吉从小就喜欢看比尔·盖茨的书，并研究《财富》杂志每年所列全球最富有的100个人。她发现：那些人中，有95%以上的人从小就有发财的欲望，57%的全球巨富在16岁之前就想到了开自己的公司，3%的全球巨富在未成年之前至少做过一桩生意。于是，她得出结论，要致富，就必须从小有赚钱的意识。

在赚钱方面，小斯考吉选择了投资股票。很多投资股票的人，不是盯着电视就是盯着报纸，因为这些媒体都对股市做直接报道。然而，小斯考吉并没有选择这种直接的途径，而是根据证券营业部门口的摩托车数量决定该股是抛售还是买进。

例如，她专盯一家钢铁企业的股票。当这家企业股票下跌到4美元以下时，某证券营业部门口的摩托车便多起来，过一段时间，股价又涨了回去；当这只股票涨到8美元左右时，该证券营业部门口的摩托车又会开始多起来，接下去，该股必跌。期间，她经过调查发现，该企业的工人们不愿意看到工厂的股票下跌，每次股价太低时，他们就自发地去买进一些股票，从而带动股价上升；当上升到一定高位后，工人们便抛售股票，致使该股下跌。

就是这样，小斯考吉借助工人们往返证券营业部的摩托车的数量的变化，采取抛售或买进的举措，取得了不小的收获。

通过这个事例我们可以看出，小斯考吉巧妙利用相关定律，从与股市相关的抛买人群的行动变化下手，反而比那些只知道盯着直接报道股市的媒体的人们更有收效。

与此类似，我们在日常生活中会遇到很多棘手的问题，这些问题往往让人不知如何处理。于是，有的人在困难面前驻足不前，绞尽脑汁也想不出什么好方法；而有的人转换思维，从与之相关的事情着手，很快使问题迎刃而解。

所以，我们平时要大力培养自己洞察事物间相关性的能力，抓住事物和问题的关键，合理利用相关定律寻求解决方法，不做“一条路跑到黑”的傻瓜。其中，培养自己的洞察能力，一方面要虚心，绝不视任何主意为无用，倾听跟你不同的观点，任何人都有东西值得你学习；另一方面，训练你的思想来为你工作，让你的脑子做你要它做的事，而且当你要它做的时候才做。此外，还要培养自己的好奇心，对不懂的事提出问题来，训练你的想象力。

定律二十

奥卡姆剃刀定律：

把握关键，化繁为简

【定律阐释】

奥卡姆剃刀定律，由英国奥卡姆的威廉提出来，指“如无必要，勿增实体”。在人们做过的事情中，可能大部分都是无意义的，而常隐藏在繁杂事物中的一小部分才是有意义的。所以，复杂的事情往往可通过最简单的途径来解决，做事要找到关键。

“简单”，真正的大智慧

近几年，随着人们认识水平的不断提高，“精兵简政”“精简机构”“删繁就简”等一系列追求简单化的观念在整个社会不断深入和普及。根据奥卡姆剃刀定律，这正是一种大智慧的体现。

如今，科技日新月异，社会分工越来越精细，管理组织越来越完善化、体系化和制度化，随之而来的，还有不容忽视的机械化和官僚化。于是，文山会海和繁文缛节便不断滋生。可是，国内外的竞争都日趋激烈，无论是企业还是个人，快与慢已经决定其生死。如同在竞技场上赛跑，穿着水泥做的靴子却想跑赢比赛，肯定是不可能的。因此，我们别无选择，只有脱掉水泥靴子，比别人更快、更有效率，领先一步，才能生存。换言之，就是凡事要简单化。

很多人会问：“简单能为我们带来什么呢？”看了下面的例子，我们自然就会明白。

有人曾经请教马克·吐温："演说词是长篇大论好呢？还是短小精悍好？"他没有正面回答，只讲了一件亲身感受的事："有个礼拜天，我到教堂去，适逢一位传教士在那里用令人动容的语言讲述非洲传教士的苦难生活。当他讲了 5 分钟后，我马上决定对这件有意义的事捐助 50 元；他接着讲了 10 分钟，此时我就决定将捐款减到 25 元；最后，当他讲了 1 个小时后，拿起钵子向听众请求捐款时，我已经厌烦之极，1 分钱也没有捐。"

在上面马克·吐温的例子中，我们发现，他通过自身的经历，向求教者说明：短小精悍的语言，其效果事半功倍；而冗长空泛的语言，不仅于事无益，反而有碍。

事实上，不仅语言如此，现实生活亦同样如此。这就要求我们要学会简化，剔除不必要的生活内容。这种简化的过程，就如同冬天给植物剪枝，把繁盛的枝叶剪去，植物才能更好地生长。每个园丁都知道不进行这样的修剪，来年花园里的植物就不能枝繁叶茂。每个心理学家都知道如果生活匆忙凌乱，为毫无裨益的工作所累，一个人很难充分认识自我。

为了发现你的天性，亦需要简化生活，这样才能有时间考虑什么对你才是重要的。否则，就会损害你的部分天资，而且极有可能是最重要的一部分。

那么，我们如何来实现这种简化呢？很简单，就是重新审视你所做的一切事情和所拥有的一切东西，然后运用奥卡姆剃刀，舍弃不必要的生活内容。

博恩·崔西是美国著名的激励和营销大师，他曾与一家大型公司合作。该公司设定了一个目标：在推出新产品的第一年里实现 100 万件的销售量。该公司的营销精英们开了 8 个小时的群策会后，得出了几十种实现 100 万件销售量的不同方案。每一种方案的复杂程度都不同。这时，博恩·崔西建议他们在这个问题上应用奥卡姆剃刀原理。

他说："为什么你们只想着通过这么多不同的渠道，向这么多不同的客户销售数目不等的新产品，却不选择通过一次交易向一家大公司或买主销售100万件新产品呢？”

当时整个房间内鸦雀无声，有些人看着博恩·崔西的表情就像在看一个疯子。然后有一名管理人员开口说话了：“我知道一家公司，这种产品可以成为他们送给客户的非常好的礼物或奖励，而他们有几百万客户。”

最后，根据这一想法，他们得到了一笔100万件产品的订单。他们的目标实现了。

可见，不论你正面临什么问题或困难，都应当思考这样一个问题：“什么是解决这个问题或实现这个目标的最简单、最直接的方法？”你可能会发现一个简便的方法，为你实现同一目标节约大量的时间和金钱。记住苏格拉底的话：“任何问题最可能的解决办法是步骤最少的办法。”正如奥卡姆剃刀定律所阐释的，我们不需要人为地把事情复杂化，要保持事情的简单性，这样我们才能更快更有效率地将事情处理好。

与此相关的，还有一个非常有趣的故事：

日本最大的化妆品公司收到客户抱怨，买来的肥皂盒里面是空的。他们为了预防生产线再次发生这样的事情，工程师想尽办法发明了一台X光监视器去透视每一台出货的肥皂盒。同样的问题也发生在另一家小公司，他们的解决方法是买一台强力工业用电扇去吹每个肥皂盒，被吹走的便是没放肥皂的空盒。

面对同样的问题，两家公司采用的是两种截然不同的办法。无论从经济成本方面，还是资源消耗角度，相信第二种方案的优势都是不言而喻的。这个例子给了我们一个深刻的启示：如果有多个类似的解决方案，最简单的选择，就是最智慧的选择。

所以，在现实生活中，当遇到问题时，我们要勇敢地拿起“奥卡姆剃刀”，把复杂事情简单化，以选择最智慧的解决方案。

剃掉复杂，切勿乱删

相传，有位科学家带着自己的一个研究成果请教爱因斯坦。爱因斯坦随意地看了一眼最后的结论方程式，就说："这个结果不对，你的计算有问题。"科学家很不高兴："你过程都不看，怎么就说结果不对？"爱因斯坦笑了："如果是对的，那一定是简单的，是美的，因为自然界的本来面目就是这样的。你这个结果太复杂了，肯定是哪里出了问题。"

这个科学家将信将疑地检查自己的推导，果然如爱因斯坦所言，结果不对。

也许你认为奥卡姆剃刀只存在于天才的身边，其实，它无处不在，只是有待人们把它拿起。当我们绞尽脑汁为一些问题烦恼时，试着摒弃那些复杂的想法，也许会立刻看到简单的解决方法。人生的任何问题，我们都可运用奥卡姆剃刀。奥卡姆剃刀是最公平的，无论科学家还是普通人，谁能有勇气拿起它，谁就是成功的人。

越复杂越容易拼凑，越简单就越难设计。在服装界有"简洁女王"之称的简·桑德说："加上一个扣子或设计一套粉色的裙子是简单的，因为这一目了然。但是，对简约主义来说，品质需要从内部来体现。"她认为，简单不仅仅是摈除多余的、花哨的部分，避免喧嚣的色彩和烦琐的花纹，更重要的是体现清纯、质朴、毫不造作。

但需要注意的是，这里所谓的"简单"，不是乱砍一气，而是在对事物的规律有深刻的认识和把握之后的去粗取精，去伪存真。

正如一个雕刻家，能把一块不规则的石头变成栩栩如生的人物雕像，因为他胸中有丘壑。如果你抓不住重点，找不到要害，不知道什么最能体现内在品质，运用剃刀的结果只能是将不该删除的删除了。

那么，我们要合理地使用奥卡姆剃刀，不能盲目。例如，IBM 在电脑产品营销中具有得天独厚的优势，如其前 CEO 郭士纳所指，他们具有非常有优势的集成能力。然而，其广告宣传语却将这一点删掉了，留下推广小型电脑的“小行星问题的解决方法”。结果，IBM 自然未能凭这则广告获得区别于其他电脑的地位。可见，没有什么比删掉自己的优势更可悲了。

所以，在我们使用奥卡姆剃刀时，要将其用在恰当的位置上，而不是盲目乱删。

定律二十一

基利定理：

失败是成功之母

【定律阐释】

基利定理，由美国多布林咨询公司集团总经理拉里·基利提出，指每个人要想干出一番惊人的业绩，一定要具有面对失败坦然自如的积极态度，千万不可一遭挫折便落荒而逃。否则，你永远都会与成功无缘。

坦然面对失败就是成功

失败是我们人生经历最多的课题，怎么逃也逃不过的仇敌。但如果你坦然地面对了这个课题，你会发现这不是个无解的方程式；如果你直面了这个仇敌，你会发现它可以让你学到很多东西。失败，就像黎明前的黑暗，与成功只差那一瞬间，只要你挺过去了，那么你就能够看到属于你的光辉黎明。

奥城良治，一个连续16年荣获日本汽车销售冠军的伟大推销员，他之所以能取得如此骄人的成绩，只源于小时候的一次偶遇。在奥城良治还是个小孩的时候，有一次在田埂间看到一只瞪眼的青蛙，就调皮地向青蛙的眼睑撒了一泡尿。之后，却发现青蛙的眼睑非但没有闭起来，而是一直张着眼瞪着他。他很惊讶，这奇特的一幕给他留下了深刻的印象。但没想到，这一幕竟成了他成功的秘诀。若干年后，他做了一名推销员。每当遭到客户拒绝时，他就会想起童年时那只被尿浇也不闭眼的青蛙。于是，他就像那只青蛙一样，面对客户的拒绝，总是逆来顺受，张眼面对客户，从不惊慌失措。

客户的拒绝，对于推销员来说，就是最大的失败。而奥城良治从不逃避，而是坦然面对，这是他从青蛙那儿学来的，我们也应该从他那里学来。

男子 100 米和 200 米两项世界纪录的保持者尤塞因·博尔特，在国际田联钻石联赛斯德哥尔摩站的 100 米比赛中败给了盖伊。这是他两个赛季以来的首次败绩，但博尔特认为，这次失败并没有给他造成什么震动。他谈道："我（对比赛失利）并不惊奇，这只是一场失败而已。我早说过，如果有谁想战胜我，最好就是赶在今年。"这种坦然面对失败的态度，让人相信尤塞因·博尔特在以后的比赛中，还会再创佳绩。因为，这种坦然面对，就是下一次成功的征兆。

一个人是否活得丰富不能看他的年龄，而是要看他生命的过程是否多彩，还要看他在体验生命的过程中是否能把握住机会。人生的机会通常是有伪装的，它们穿着可怕的外衣来到你的身边，大多数人会避之不及，但那些具有独特素质的人却能看到其本质并抓住它们。这些素质中最重要的就是承受失败的能力和勇气。

在你成长的过程中，会遭遇很多的失败，但最好的机会也往往就藏在这些失败背后。懂得坦然面对挫折和失败，并把它变成你的一种常态，这样你就离成功不远了，或者说这本身就是一种心理的成功。一个人可以从生命的磨难和失败中成长，正像腐朽的土壤可以生长鲜活的植物一样。土壤也许腐朽，但它可以为植物提供营养。失败固然可惜，但它可以磨炼我们的心智和勇气，进而创造更多的机会。只有当我们能够以平和的心态面对失败和考验时，我们才能收获成功。而那些失败和挫折，都将成为生命中的无价之宝，值得我们在记忆深处永远收藏。

经过失败才能走向成功

当今最具影响力的激励演讲家安东尼·罗宾曾说过："成功很难，但不成功更难，因为你要承受一辈子的失败。”“这世界没有失败，只有暂时停止成功，因为过去并不等于未来。”所以，失败只是暂时的，只是走向成功的一条必经之路，或者说是成功之路上的一段过程。走过它，你就会拥有成功。

人生的 99% 都是失败，所以每当你干一件事的时候，失败可能随时伴随着你。如果你害怕失败，那么你就将一事无成。每一个做父母的都知道，孩子不摔几跤是学不会走和跑的。所有人都是这样摔着长大的，你也不例外。人生就逃不开失败，只有在失败中，你才能真正学到本领。想长大成人，想实现梦想，那么就必须记住：“失败是成功之母！”有这样一个故事：

有一个人在走路的时候，因为路不平而摔了一跤，他爬了起来。可是没走几步，一不小心又摔了一跤，于是他便趴在地上不再起来了。有人问他：“你怎么不爬起来继续走呢？”那人说：“既然爬起来还会跌倒，我干吗还要起来，不如就这样趴着，就不会再被摔了。”这样的人，摔两次就怕得不敢再起来继续往前走了，那么他肯定永远也无法到达他的目的地了。

如果我们都像这个趴在地上不起来的人一样，在一两次失败后就选择放弃，那么我们也就永远不会得到成功的眷顾。对于“成功”和“失败”，我们应该客观看待。它们不是一对不可调和的矛盾体，而是可以互相依存的，我们只有经历过“失败”才能体会到“成功”的珍贵，也只有在“成功”后才会知道“失败”的意义。“成功”的背后是用“失败”砌成的台阶，如果没有这一层一层的台阶，我们可能永远待在原地，无法迈出任何一步。“成功”是“失败”永远的灯塔，只有在历经艰难困苦后，才能找到正确的方向去接近灯塔，获得光明。正如歌里所唱的那样：“不经历风雨，怎么见彩虹，没有人能随随便便成功。”失败过后，只要我们永不放弃，最终会见到美丽的彩虹。失败不要紧，重要的是不要失去信心，这一次失败，可以换来下一次的成功。

数学上有名的平行公理，从它问世以来，一直遭到人们的怀疑。几千年来，无数数学家致力于求证平行公理，但都失败了。数学家波里埃虽终身从事对平行公理的求证，最终也不得不成为那失败者中的一员。似乎平行公理根本无法证明。但罗巴切夫斯基在经过 7 年求证而毫无结果后，潜心思考找到了失败的原因，从而取得了成功。虽说“失败是成功之母”，但是要把失败转化为成功，还必须经过不断的探索和分析，找到失败的原因，吸取其中的教训，指导今后的工作，这样才会让失败成为成功之母。

应该说，失败不可怕，它是通向成功的桥梁；失败不可悲，它意味着你又有了重新开始的理由。因此，当一切可能的失败都尝试过之后，拥抱你的一定是成功。成功者之所以成功，只不过是他不被失败左右而已。不允许失败，无异于拒绝成功。

定律二十二

布利斯定理：

凡事豫则立，不豫则废

【定律阐释】

布利斯定理，由美国行为科学家艾得·布利斯提出，指用较多的时间为一次工作做事前计划，做这项工作所用的总时间就会减少。

事前想清楚，事中不折腾

“凡事豫则立，不豫则废”，是《礼记·中庸》里的一句话，这里的“豫”，是预先的意思。讲的是：不论做什么事，事先做好准备，就能成功，不然就会失败。原文后面还有四句：“言前定则不跲，事前定则不困，行前定则不疚，道前定则不穷。”这是对“凡事豫则立，不豫则废”的展开，讲的是：说话先有准备，就不会理屈词穷站不住脚；做事先有准备，就不会遇到困难挫折；行事前计划先有定夺，就不会发生错误后悔的事。

这是我国先哲在几千年前说的道理，而这个道理在今天依然很受用。俗话说得好：不打无准备之仗。无论做什么，都要提前做好准备，这样才有可能达到期望的目的。如果总想着“临场发挥”，很可能会发生现场“抓瞎”的局面。所谓胸有成竹，方能妙笔生花，道理亦是如此。

美国著名的成功学大师安东尼·罗宾斯曾经提出过一个成功的万能公式：

成功＝明确目标＋详细计划＋马上行动＋检查修正＋坚持到底

从这个公式我们可以看出明确目标和详细计划的重要性。明确目标和详细计划都属于事前的计划，而事前的计划可以帮我们对自己的设想进行科学的分析，预见一下我们的设想是否可以实现。同时，在做计划的过程中，也是在梳理自己实现设想的思路和方法，这可以大大节省我们的宝贵时间，同时减轻压力。

美国的几个心理学家曾做过这样一个实验：

组织3组学生分别进行不同方式的投篮技巧训练。第一组在20天内每天练习实际投篮，并把第一天和最后一天的成绩记录下来。第二组学生也记录下第一天和最后一天的成绩，但在此期间不做任何练习。第三组将第一天的成绩记录下来，然后每天花20分钟做想象中的投篮，如果投篮不中时，他们便在教练的指导下在想象中做出相应的纠正。

实验结果表明：第二组的投篮技巧在20天里没有丝毫长进，第一组进球率上涨了24%，第三组进球率上涨了26%。心理学家们由此得出结论：行动前进行头脑热身，构思要做之事的每个细节，梳理心路，然后把它深深铭刻在脑海中，当你做这件事的时候就会得心应手。

这个实验要讲的其实还是计划的重要性。一个人做事如果没有计划，行动起来就会像一只迷途的羔羊，到处乱撞以致伤痕累累。一个人做事如果事前拟定好了行动的计划，梳理通畅了做事的步骤，做起事来就会应付自如，迅速高效。

计划，是指引我们前进的明灯，是我们赢得成功的时间表。万事有计划，方向才会明确，目标才不会落空，学习、工作、生活，都要有计划。计划很重要，制订合理的计划更重要。无论是制订哪方面的计划，都要从个人的实际情况出发，从现实的环境基础入手，切忌“空大高”。目标定的很高，计划要求很严，但是都是一些自己完不成的任务，这样的计划订了也是白订。

所以，在人生的漫漫长路上，你走的每一步都要有计划有准备，这个计划和准备也必须从自己的实际出发。

成功属于有计划的人

有一个关于毛毛虫吃苹果的故事：

有4只毛毛虫，都在为吃到大苹果而各显神通。为了能够吃到大苹果，第一只毛毛虫跟随着大众的足迹，辛苦一生，却并不知道自己在做什么；第二只毛毛虫以吃到大苹果为“虫生目标”，为此它不懈努力，但它最终也只找到了一个酸酸的小苹果；第三只毛毛虫拥有一个望远镜，但大苹果却因为它的犹豫而被其他虫捷足先登；第四只毛毛虫，因为有详尽的计划，最终吃到了属于它的大苹果！

人生在世，成功很难，而且成功往往眷顾那些有计划有准备的人。很多人认为花那么长的时间做计划，简直就是浪费时间，立马投入工作会有更好的效果。所谓“知己知彼，百战百胜”，做计划就是个自我剖析和形势分析的过程。没有这个过程，那么你在行动中肯定会浪费更多的时间。做一个清晰的计划，就是为了能在行动中节约更多的时间，减少更多的错误，让自己的人生不虚度，时间不白流。明白这个道理的人，懂得为自己的生活做规划的人，往往离成功就不远了。有句话说得很对：“成功往往属于有计划的人！”

现在越来越多的人开始炒股，在股市你会有一种感觉，那就是赚钱时慢，而赔钱时快。细想想道理也很简单，假如有1万元资金，要把1万变成2万，股票必须有100%的升幅，但从2万到1万却只需要跌50%。因此在炒股中账要细算，操作要有计划，而且切实可行的计划很重要。全球著名的投资商巴菲特说：“如果我们知道自己目前置身何处，并且事先知道自己将往何处去，我们可以更明确地判断做哪些工作，以及如何着手。”言浅意深，正说明了一只船在茫茫大海中不能失去灯塔的指引，否则就迷航了。同理，人也需要一座指引的灯塔，然而这座灯塔必须自己建造，那就是我们要制订计划。

一个人要对自己负责，每一天都应该活得充实和精彩。只有这样，才能不枉此生。怎样才能让我们的人生充实又精彩呢？首要的就是为自己的人生做一个整体的安排和规划。有了人生的目标，我们就会朝着这个目标奋斗，一直坚持不懈地走下去。这样我们就会离自己的目标越来越近，总有一天会到达成功的彼岸。人生规划既是一个实现你终生目标的时间表，也是一个实现那些影响你日常生活的无数更小目标的时间表。人生规划的设计是要使你的注意力集中起来，在一个特定的时间范围里充分地利用你的脑力和体力。事实上，注意力越集中，脑力和体力的使用就越有效。人生规划可以合理地分配你的精力和时间，让你的人生不虚度，每一天都会有满满的精彩。

正如高尔基所说："不知道明天做什么的人是可悲的。"我们不应该做这种可悲的人，对于自己的人生、工作、学习都应该有一套切实可行的计划，要有每天的计划、每月的计划、每年的计划、十年的计划、一生的计划。

定律二十三

吉格勒定理：有雄心才能成就梦想

【定律阐释】

美国行为学家J.吉格勒说：“设定一个高目标就等于达到了目标的一部分。”更进一步地说，一个拥有雄心壮志的人，最有可能取得成功。即一个有高远目标的人，即使达不到自己的目标，只要他不懈努力，最终也会有不小的作为。

起点高才能至高

古语云“欲求其上上，而得其上；欲求其上，而得其中；欲求其中，而得其下”，说的就是“起点高才能至高”的道理。制定一个远大的目标，即使你达不到，只要不断地向它努力，最终肯定也会有所作为。定的目标很低，对于一点小小的成绩就心满意足，这种人肯定干不了什么大事。高尔基说：“目标愈高远，人的进步愈大。”有志向，才能谋大事。

有一首诗写道：“我向人生索价，似乎多一分也不肯给。当我已没有富余，到黄昏就不得不去乞讨。人生是一个正直的雇主，你所求的他都会给。一旦你决定了多高报酬，你就必须肩负多少工作。我的工作是贱役，但我又惊奇地发现了一个事实：倘若我向人生索取高价，人生也会乐于付给。”

它旨在告诉我们：你向人生开多高的价码，就会收获多高的报酬。人生就是这样，你为自己定了多高的目标，就会达到多高的位置。当然，你要付出相应的努力。

美国有一位志向高远的青年，即使穷困潦倒也不忘自己的梦想。当他全身上下的钱加起来还不够买一件像样的衣服时，他依然在为达成自己那看似“高不可攀”的目标而奔走。这个人就是席维斯·史泰龙。

在他一文不名的时候，在他落魄无助的时候，他从未放弃过自己的目标——把自己的剧本拍成电影，由自己来当主演。当时的好莱坞有500家电影公司，他根据自己的路线与排列好的名单顺序，带着自己写好的剧本，一一前去拜访。第一次，全军覆没，500家电影公司全部拒绝。但是，史泰龙并没有灰心。他紧接着开始第二轮的拜访，又一次的全部拒绝。他又开始第三轮拜访，第四轮拜访。终于在第四轮拜访中，他拜访的第350家电影公司的老板同意了他的要求。他的剧本被拍成了电影，那就是获得1976年奥斯卡最佳影片奖和导演奖的《洛奇》；他也作为主演，成了日后无人不知的大明星。

试想，如果当时席维斯·史泰龙对自己有一点儿怀疑，认为自己不配拥有如此“空洞”的梦想，那么他永远也不可能会成为明星，他的剧本也永无面世之日。

因此，无论你身在何处，地位如何，都要有远大的目标、高远的志向，然后不顾一切地为之努力，那么你终有一天会守得云开见月明。

做人要有雄心壮志

“燕雀安知鸿鹄之志哉？”“王侯将相宁有种乎？”这两句话，是推翻秦朝的呐喊，更是雄心壮志的彰显。两千多年前，陈胜，一个将死之人，竟能说出如此鼓舞人心的话语，可见此人并非等闲之辈。果真，陈胜所领导的起义，最终颠覆了强大的秦王朝。虽然不是他一人之力，虽然他没有亲眼看到最终的胜利，但是如果没有他的号召，他的雄心，那么也不可能有秦朝的迅速灭亡。一个人，要有雄心壮志，只有这样才能成就大事。

西楚霸王项羽，就是个从小就有雄心壮志的人。小时候，他不好好学习，叔父项梁骂他，他竟回道：“学文不过能记住姓名，学武不过能以一抵百，要学便学万人敌！”这是何等的壮志！一次秦始皇出巡，在渡浙江（钱塘江）时被项羽看到，他见其车马仪仗威风凛凛，便对项梁说：“彼可取而代之。”这又是何等的雄心！虽然由于性格的原因，他没有取得最后的胜利，但是他终究灭了秦朝，成了名传千古的西楚霸王。

秦始皇雄心勃勃，要统一六国，经过不懈努力，终成大业。曹操虽出身卑微，但立志一统天下，坐领江山，最终达成宏愿。成吉思汗立下雄心要统一蒙古草原，结果不仅统一了草原，还马踏欧亚大陆，成为了当时世界上最强大的统治者。孔子推崇“以仁治国，有教无类”，虽历尽磨难，却从未放弃，最终成为中国历史上最有影响力的思想家和教育家。陈景润立志要攀上数学的高峰，终以“哥德巴赫猜想”的卓越贡献受到世界的敬仰。鲁迅弃医从文，立志要用手中的笔与敌人战斗，于是他成了我国近现代影响最大的文学家之一。古往今来，各行各业有所成就的人，哪个不是拥有雄心壮志的人？

曾经有个叫作潘兹的年轻人，过着流浪汉一样的生活，但是他胸怀大志，想要成为大发明家爱迪生的合伙人。经过不懈努力，他果真进入了爱迪生研究所。在最初工作的5年里，他一直属于不起眼的小角色，但他从未怀疑过自己的能力和自己的志向。成为爱迪生的合伙人，这个雄心一直在激励着他前进。为此，他制订了详细的计划，忘我地工作，付出了自己全部的精力。10年后，他的一切努力都没有白费，他成功地成为了爱迪生的合伙人。

现在的卑微不代表你就不能拥有成功的光辉，只要你有雄心壮志，并为之付出努力，皇天是不负有心人的。

中国有句古话叫：人人皆可为舜尧。土耳其有句谚语说：每个人的心中都隐伏着一头雄狮。曾“征服世界”的拿破仑道：不想当将军的士兵就不是好士兵。这些名言都讲了一个道理：做人要有雄心壮志，没有雄心壮志就很难有大作为。

每个人都可以取得成功，只是看你想不想，愿意不愿意。只要你立志要取得某方面的成功，并为之不懈地努力，那么你肯定会收获胜利的果实。总之，人无论身在何处，生在何时，都要胸怀雄心壮志。

定律二十四

保龄球效应：

成功始于定位

【定律阐释】

保龄球效应，指的是在打保龄球的时候，并不是击倒一个瓶就可以把所有的瓶打到，除了力量之外，选好入球的位置更为重要。与之类似，人若想要取得成功，也一定要找准自己的位置，即成功始于定位。

找准位置是成功的关键

有一家公司，由于经营不善，破产倒闭，被另一家公司兼并整合。年轻的张经理和他刚刚招收进公司的一名大学生同时被整合到新公司的一个部门，干起了同样的工作。

张经理因为干过领导，颐指气使惯了，不论是对待一同过来的大学生员工，还是对待新公司中的其他同事，总是一副领导的口气和表情，这使他的人际关系越来越差，许多同事都是敬而远之，不愿看他那副依然盛气凌人的样子。时间一长，张经理就成为孤家寡人，因别人不愿意接近他、帮助他，使得他的工作业绩也是越来越差。

那位大学生员工由于刚刚进入企业，表现得特别谦虚好学，也特别平易近人和乐于助人，很快这位大学生员工就和新公司的同事们打成了一片，业务技能不断提升，业绩也越来越好。

一年后，张经理因业绩下降、群众关系不好，在年度考评中未能通过考核，被新公司领导按规定调整待岗培训。那位大学生员工因为表现出色、业绩突出，群众关系好，考核为优，被新公司破格晋升为部门经理。

一日，张经理和那位大学生员工走到了一起，张经理不解地对那位大学生员工说："你只是一名刚刚出道的大学生，论经验、论阅历、论关系、论职务、论素质，你都比不上我，可为什么我们俩一同进入这家公司，一年后，你被提升了，我反倒下岗了呢？！"那位大学生沉思了一下，意味深长地说了一句话："也许，主要是因为我找准了自己的位置。"

张经理因为习惯了高高在上，在突如其来的工作变动后，没有给自己进行很好的定位。而那位大学生刚从大学校园里走出来，能够从基础工作做起，扎实肯干，毫无怨言，自然在新公司做得得心应手。两个职场人不同的经历，可以说是"保龄球效应"的典型事例。

在打保龄球的时候，只有在合适的位置上，才能够顺利将所有的瓶击倒。生活中也一样，人们要选择最适合自己的位置，因为位置的选择是成功的关键。

保龄球效应中的成功启示

保龄球效应虽然来源于一项运动，但是它却给人们如何成功带来很多启示。要想打好人生中的"保龄球"，走向成功，人们可以注意以下两个方面：

一方面，一个人要想使自己的才干得到充分的发挥，就要善于选择有利于自己发展的位置。最好的位置不一定就是适合自己的，要坚信适合自己的位置才是最好的。

雄鹰注定要与蓝天为伴。它虽为猛兽，有着锋利的爪和喙，但不能与狮子对抗，它属于天空，只有在天空才找得到它生存的位置，才找得到它的价值。

世间万物都有自己的位置，它们需要适合自己的位置。就连垃圾也不例外，环保学家反复对世人说，垃圾是放错了地方的资源。

千里马本身的素质固然重要，然而如若缺乏英明的伯乐，千里马也只能和普通马一样，老死厩中，背负名将驰骋沙场，建立赫赫战功，那只能是遥远的幻想。毛遂自荐是为了实现自己的人生价值。

鲁迅如果当初从了医，那太可惜了——他能救治一个个肉体上有病的国人，却不能救治精神上病魔缠身的国人。他的弃医从文唤醒和激励了一个又一个革命者，更为后人留下了无法估量的精神财富和文化遗产。可以说，正确选择自己的位置造就了鲁迅。

另一方面，如果无法改变自己的位置，那么就应该根据不同的位置调整自己的策略。

传说商朝末期，有个叫姜尚（字子牙，号太公）的有识之士，因不满于当时的黑暗政治，隐居在渭水边上，但又很想有朝一日能实现自己的政治抱负。他常常在渭水边钓鱼，钓法很奇特，鱼钩是直的，放在离水面三尺以上的地方，钩上没有鱼饵。过路人看到他这样垂钓都暗暗发笑，他却一本正经地说："愿者上钩来。"后来周文王打猎来到渭水边，与姜太公谈得很投机，就请他做了国师。姜太公辅佐周文王、周武王消灭了商朝。姜太公在不得志的时候，没有怨天尤人，而是适时调整策略，韬光养晦，积蓄实力，耐心等待时机的到来。

没有人因为平凡而注定平庸，只要找准自己的位置，平凡的岗位一样会有生命的亮色，平凡的付出一样可以汇聚成江海。每个人都是自己的英雄，找准位置你会像蛟龙掠过浅滩小河，到浩瀚的海洋上击水三千；你会像大鹏飞越平地低空，在苍茫的天宇中扶摇直上。找准位置，绽放光彩。

定律二十五

培哥效应：

高效记忆，事半功倍

【定律阐释】

培哥效应由语言学家帕尔默提出，实际上就是一种图像定位记忆法，即把需要记忆的材料，进行编码，然后转化为生动具体的图像，再运用联想法、定桩法等方法来记忆它们。通过这种方法，把抽象复杂的记忆材料快速转化为生动具体的图像，从而被快速而且牢牢地记住，使记忆事半功倍。

好记忆力助成功一臂之力

古希腊的雄辩家们在进行演讲的时候，常常采用一种叫作“场所记忆”的方法。他们把自己家的每一部分与要讲演的主要内容结合起来。比如，把要讲演的第一重点与正门相联系，第二重点与接待室相联系，第三重点与接待室中的椅子联系记忆。在进行演说时，按自己家中的物品顺序想下去，就能把演说的重点回忆出来。无独有偶。在一次中央电视台举办的春节联欢晚会上，锦州记忆研究所一位记忆术表演者，向观众展示出惊人的记忆力，就像魔术一样神奇，获得了观众的喝彩。他的表演过程是这样的：在舞台中央立一块黑板，写好阿拉伯数字，让观众随便说一些词句、人名、地名，诗歌、以及刚表演过的节目、数字、公式、外语单词、少数民族语言。说出的每项内容依数字顺序写下来，在整个过程中表演者不看黑板，但他能把这些全记下来。不管是观众要求他讲出的任意一个数字号码的内容，还是要求他讲出与内容相对应的数字号码，他都能迅速地回忆出来，而且还能倒背出来。

人们或许都会觉得这是一位记忆高人，必须要拥有某种特异功能才可以如此出众，一举成名。其实，这其中并没有什么玄妙的魔力，他所运用的，就是学习中的培哥效应。

培哥记忆术很简单，它只要求把一系列名称编成号码记下，比如对自己喜欢的城市名称进行编号。如（1）北京（2）杭州（3）上海（4）大连（5）深圳（6）苏州（7）南京，熟练地记下来，做到一说（6）就很快地联想到苏州；一说（2）就联想到杭州。把这些编码固定下来，然后通过联想与需要记忆的材料相连接。

又比如要求你记住这样几个词：（1）鲤鱼（2）围巾（3）睡觉（4）彩电（5）汽车（6）书包（7）电脑。这样你就可以把鲤鱼与固定编码的第一号“北京”联接起来，联想到北京公园里的鲤鱼很漂亮。要记第五个词“汽车”时，把它与“深圳”产生联想，想象我家的汽车是从深圳买的。

通过这些联想、编码，记忆材料就不会变成沉重的负担。因为，在想象的时候，人们会有意识地将想象的事物放大，在头脑中形成清晰的表象，从而提高记忆的效率。而且，培哥记忆是每个人都可以学到的一种记忆能力与方法，并不是属于少数的“天才”或者“幸运儿”。只要运用一些简单的联想编码的方式，就可以用这把钥匙轻松打开记忆宝库的大门。

轻松记忆不是梦

培哥效应的运用之所以能有效提高人们的记忆效率，是因为其方法的简单易行，并符合人们记忆的模式。当遇到一种事物和另一种事物相类似时，往往会从这一事物引起对另一事物的联想。把记忆的材料与自己体验过的事物连结起来，记忆效果就好。具体实施的过程中，要注意以下几个方面：

第一，设置固定编码。培哥记忆的固定编码有很多种，你可以按照自己的喜好来设定。如，按照自己的朋友的名字编号，按公交车站点的名字编号，按水果的名称编号等等。总之，选择你最易于联想到的东西作为固定编码的内容。

第二，进行编码联想。例如，要将“吃饭”和“上海”发生联想时，如果用“一个上海人在吃饭”，就很普通，没有什么特色，但如果想成“所有上海人都在吃饭”，就非常奇特，而且让自己也感到惊讶。又如，淝水之战发生于公元383年，通过“淝”可联想到“肥胖”，由“肥胖”想到“胖娃娃”，而“8”字的两个圆正好是胖娃娃的头和身体，两个3则是两个耳朵。这样一想就记牢了。通过这样一对一的联想，就能记住这些词，而且也比较深刻。

第三，经常锻炼。要想产生培哥效应，就必须经常锻炼，锻炼的次数越多，你的联想内容越丰富、生动、奇特，联想记忆效果就越好。而且，锻炼的时间也可以灵活进行，不必拿出特定的时间段来练习，在上学的路上，在下课的休息时间，在睡前的几分钟等等，都是适于进行培哥记忆的良好时段。

第四，灵活使用编码。当逐渐掌握了这种记忆技巧后，不仅在讲话中能用编码记忆，听别人谈话时也同样可以用编码记忆。听讲时有必要详细记住重点。这时，使用的编码要比讲演时多一倍左右。但熟练以后，只需少量的重点号码就行了，不需要逐句把学习内容都记忆下来，只要按顺序仔细记住要点就可以了。先把重点记住，再用自己的话去叙述效果会更好。重点用编码记忆下来。回忆时就很有把握，不至于半途短路。最后你发现自己不过只是利用一些数字编码而已。

在学习的过程中我们掌握了这种方法，就可以告别枯燥单调的记忆生活，使记忆的材料轻松过关。当然，任何方法的学习都不是即时生效的，必须经过天长日久的坚持练习才可以看到成效。而且，也需要人们拥有发散思维的能力，尽可能地使记忆奇特、非凡、与众不同。

使用培哥记忆术，记起来就会觉得妙趣横生，因为在记忆时，有趣的联想会使人们增加对学习的兴趣，促使我们主动去记忆，而主观上愿意去做的事情，就是一件轻松快乐的事。

定律二十六

杰奎斯法则：

不要试图一口吃成个胖子

【定律阐释】

杰奎斯法则由伦敦人力资源学院创始人之一埃里奥特·杰奎斯提出。他认为，人们在遇到问题时，不可急于求成，要先思考问题本身是否可以解决，如果可以，然后再考虑如何解决。从最开始就下定决心要解决存在的一切问题，这种观念本身就是一个错误。

没有答案的问题

有一位学者，去一所大学的文学院讲课，很多年轻的学子向他询问一个问题：自己的专业是文学，自己也爱好文学，但是，在这个一切讲究金钱的时代，文学还有多少市场？文学还有前途吗？文学能够养家糊口吗？学者这样告诉青年学生们：我不知道这个问题的答案在哪里，但是，有一点是我能够确定的。我坚信，不论你从事什么职业，只要你不是所在行业中的翘楚和精英，只要你不能够在你所在的领域有所成就，你都是没有什么前途的。

一个正处在人生困惑中的青年人，曾经这样问他：人活着有什么意义？人为什么活着？学者回答说："你问的问题太大了，这个问题你本来不需要费神考虑，你只需要考虑你现在遇到的问题就可以了。你的女朋友离开了你，你应该想到的是你们肯定是不合适在一起的，你考虑的问题是如何再找一个合适的。你现在的工作你不满意，你考虑的应该是如何努力改变自己的处境，找一个自己喜欢的工作。至于人活着有什么意义，那是哲学家们的事情，与你无关。”

这位学者的孩子问他一个关于时间的问题：时间有始终吗？时间是怎么来的？他告诉孩子：“这个问题没有答案，你不需要考虑这个问题，你只是考虑自己如何利用好每一天光阴，如何不虚度每一天时光就可以了。”

原来，我们身边有很多人每天都在关注着一些没有答案的问题，并为那些没有答案的问题而困扰着。看似蕴含着很高深的学问，实际上对自己没有什么意义可言。当一个人每天在考虑与自己无关的问题并试图找到答案的时候，其本身就无异于在浪费时间和生命。其实，有的问题本身就像是一个死结，根本没有办法将其顺利打开。所以，出现问题时，要先看问题的性质，没有必要做出决策时，就搁置问题。

在生活中，很多人擅长解决各种各样的问题，这是让人佩服的，但不是最聪明的。因为有的时候，有的问题是没有答案的。如果一碰到问题就想也不想地马上下手解决，没有进行深思熟虑，那么很有可能到最后才发现是一个解不开的死结。这样，不仅浪费了时间和精力，也可能错过了解决其他事情的最佳时机。

第一时间无法解决，另辟蹊径更智慧

有一句老话叫“一把钥匙开一把锁”，似乎所有的问题都会有相应的方法去解决。但实际上，有的时候往往并非所有的问题都能够在第一时间内解决，想从最开始就把一切存在的问题都解决是不可能的。

那么，面对这种情形，我们除了苦恼于找不到解开的办法之外，还有更好的选择吗？以下几个选择可以作为借鉴与参考。

第一，不要固执地想要解开问题的“死结”，可以寻求别的方法来“解决”。

有一个人，特别随和，心肠很好，表面上很好欺负，但其实具有惊人的身手。一天很晚的时候，他坐在电车上，车上有一伙极爱闹事的人。他们人很多，并觉得自己很了不起，一副胆大包天的样子。这一伙人总想去招惹别人。他们开始纠缠那个性格随和的人，因为他脸上好心肠和爱好和平的表情，不像会带来任何危险。他们这样或那样地以嘲笑和侮辱来挖苦他，但是他静静地坐着并不回应他们的挑衅。最后，他忍不住了，走向了出口，立即抓住蛮横无理者的衣领，并狠狠地打了他一顿。被打的人的脸立刻变得一团糟，剩下的几个人因为惊奇和恐惧而呆住了。他转过身并抓住了下一个，那个人用颤抖的声音求着饶，而追随者们往旁边猛窜、倒退，从电车里一涌而出。

能够和平相处，大家都相安无事，这是每个人都希望的。但如果有人企图打破这种和谐的局面，而另一方也无法用忍耐解决这个问题的时候，那么，忍无可忍，也就无须再忍，可以借助其他的方法来把问题解决。

第二，学会果断地放弃。这种方法不仅充满了智慧，而且还能提高解决问题的效率。

不仅不准备把问题解决掉，连存在问题的事情本身也决定彻底放弃。陶渊明生性淡泊，由于看不惯官场上的那一套恶劣作风而辞职，毅然决定放弃在官场上有所作为，回家过清静高洁的生活，而成为流芳百世的“隐士”。释迦牟尼在年轻的时候就有感于人世生、老、病、死等诸多苦恼，舍弃王族生活，出家修行，他不惜放弃家庭，放弃一切亲情、友情，最终创立了影响人类社会数千年的佛教。

杰奎斯法则可以有效地指导我们在日常生活中遇到的一些问题。最聪明的成功者的习惯是，当问题来临时，不必急于做出决策，并马上着手解决。相反，让头脑冷静一下，想一想问题出现的前因后果，并预测解决这个问题所需要的时间和资源，以及应该从哪里入手，这样将更有利于事态的发展。如果发现一时无法解决或者代价过高，那么就暂时搁置，另觅他径。有时候，没有结果的结果就是最好的结果，不采取措施的措施就是最好的措施。我们只有学会具体问题具体分析，这样才能少走弯路，问题也才能够迎刃而解。

定律二十七

登门槛效应：

步步为营，借力使力

【定律阐释】

登门槛效应，指做事情要像攀登台阶一样，不能奢望一步登天，只有一步一步地前行最终才能到达想要去的地方。对于成功而言，如果登上了相应的“台阶”——借力使力，就如同坐上电梯。由易至难、由小到大向别人提出请求，往往能够步步为营，最终实现借力的目的。

“得寸”才能“进尺”

有这样一则寓言：

有主仆二人在野外露宿。一天晚上，主人搭起了帐篷，在其中安静地看书，忽然他的仆人伸进头来说：“主人啊，外面好冷啊，您能不能允许我将头伸进帐篷里暖和一下？”主人是很善良的，欣然同意了他的请求。

过了一会儿，仆人说道：“主人啊，我的头暖和了，可是脖子还冷得要命，您能不能允许我把上半身也伸进来呢？”主人又同意了，可是帐篷太小，主人只好把自己的桌子向外挪了挪。

又过了一会儿，仆人又说：“主人啊，您能不能允许我把脚伸进来呢？我这样一部分冷，一部分热，又倾斜着身子，实在很难受啊。”主人又同意了，可是帐篷太小，两个人实在太挤，他只好搬到了帐篷外面。

仆人没有直接向主人提出要进到帐篷里取暖，那样，多半不会得到主人的同意，而是将目标划分成一个个小的阶段，步步为营，不仅主人会答应一个一个小小的要求，而且自己也在一步步地靠近目标。最后，实现了自己的愿望。

与之类似，在《战国策》中记载了这样一个史实：

齐国有个人叫冯谖，家里贫穷，不能解决温饱，便寄食到孟尝君门下。当时的孟尝君收留了许多有才能的门客。根据特长的不同，一般的门客饭食中有鱼，高一级的门客出行可以配车。冯谖初来乍到，孟尝君的仆人都没有太高看他。过了几天，冯谖就击剑而歌："我们还是回去吧，吃的食物中都没有鱼！"仆人告知孟尝君后，孟尝君便答应了他的要求。又过了几天，冯谖又击剑高歌："我们还是回去吧，出行的时候都没有车可以坐！"仆人又耐着性子转告了孟尝君，孟尝君想了想，又答应了他委婉的请求。所有人都以为这下他该满意了，谁知过了几天，他又击剑高歌："我们还是回去吧，我不能养活自己的家！"仆人便生气地把冯谖叫到孟尝君面前，孟尝君问道："你的家中还有什么人吗？"冯谖答道："有年迈的母亲。"于是，孟尝君派人将其母亲接来，供给衣食，安排住宿。这下，冯谖再也不击剑高歌了。

冯谖也是巧妙地利用了登门槛效应，不是一步到位，而是将要求按照从低到高的顺序依次提出，步步为营，最终达到了自己的目的。当然，冯谖也并不只是一味索取，后来的事实也证明，冯谖的确是位人才，孟尝君地位的稳固，与他有着密不可分的关系。

从历史的故事中回到现实中来，这种效应在生活中的应用也很多。每个人都希望自己能够获得成功，但是，要想达到成功的彼岸，只靠自己一个人的力量是远远不够的。必要的时候，还要借助他人的力量助自己一臂之力。在这个过程中，就免不了要向一些人求助。于是，能否有效获得他人的帮助，就成了一个人走向成功的很关键的一步。想请别人做一件事，如果一下子提出全部请求，往往会让人家觉得太唐突，从而拒绝你的请求。而如果化整为零，先请他做开头的一小部分，再一点一点请他做接下来的部分，别人往往会想，既然都开始做了，就善始善终吧，于是就会帮忙到底。

当销售人员想要推销一件新产品时，他在展开他的销售策略的时候，也不会直接要求消费者买下，而是先介绍产品的用途以及性能，然后说出该产品的特点，再说该产品为什么特别适合你，如果消费者依然没有买下的意思，他就会先送你免费的试用装，一般人都不会拒绝免费得来的东西。而如果用得得心应手，以后就会源源不断地购买。

当顾客选购衣服时，有经验的售货员一般不会直接劝说消费者买下，而是不怕麻烦地让顾客反复试穿。当顾客将衣服穿在身上时，他又会不断地称赞。顾客笑逐颜开之后，就会很高兴地买下衣服。这都是利用了登门槛效应。

求人先把握对方兴趣与心情的“门槛”

生活中，我们常会遇到这样的情况：在等公交车时，一些乞丐手里拿着一个很破的碗，在等车的人群中乞讨，但是很少有人给钱。每当那个乞丐走近的时候，人们的反应几乎是一致的，要不就是跟同伴聊天，假装没看见，要不就是转过身去。那个乞丐转了一圈之后，发现没有人给钱，便无趣地走开了。

人们通常会自动地忽视陌生人的请求。不过，研究发现，对陌生人提出请求时，若能引起对方的兴趣，就很有可能会获得帮助。

有心理学家曾经做过一个有趣的实验：让一些女助手扮演乞丐，到大街上乞讨。在不打算引起路人注意的情况下，女助手提出的请求是：“您能给我一些零钱吗？”或者是：“您能给我一个25美分的硬币吗？”为了引起路人的注意，并且不至于让路人一下子就拒绝，另一组助手提出了不同寻常的请求：“您能给我17美分吗？”或者是：“您能给我37美分吗？”

结果表明，第二组助手的请求引起了许多路人的兴趣，大约有75%的路人将助手所需要数目的钱给了她们；而在前一种情况下，只有一半的路人给了她们一些钱。

通过上面的实验，人们发现，可以通过引起他人注意的方法来改变他人的行为。与此类似的还有美国校园里的一些慈善活动。有人想出了一些别出心裁或引人注意的请求来增加他们集资的数目。比如，有一些教员会被“拘留”，这些教员只有得到了一定的来自他自己或其他人的担保金额才可以被释放。结果，这种做法非常成功。

事实上，要想得到他人的帮助，除了引起对方的兴趣外，还可以在提出请求之前，让他人有一个好心情。

心理学家在美国旧金山最大的购物中心进行了一次有趣的实验。

试验分两种情况进行，一种是实验人员在使用电话之前放入 10 美分硬币，另一种是电话亭里没有放钱。在电话亭打电话的人并不知道有什么实验，只是当他们打完电话后，从电话亭里出来的时候，实验人员抱着一堆书之类的东西从他们跟前走过，故意让书落到地上。

结果显示，没有捡到钱的人当中，只有 5%的人帮忙捡起了落下的书本，而捡到钱的人当中却有 90%以上的人伸出了援助之手。

由此可见，心情好的确使人更容易帮助别人。这正如当你遇见一个好人，顿时觉得生活特别美好，觉得自己非常幸运。在这种情况下，为什么不去帮助那些不如你幸运的人呢？为什么不能让世界有更多的美好呢？似乎好心情有一种惯性，日常生活中，很多人总是在别人喜事临门、有意外收获的时候，让别人请客，或帮忙做一些事，结果就是被求的人要比平时更容易同意。这一切，都是登门槛效应的种种表现。

定律二十八

首因效应：先入为主的第一印象

【定律阐释】

首因效应，也叫首次效应、优先效应或“第一印象”效应，指在与人第一次交往中给他人留下的印象，会在对方的头脑中形成并占据着主导地位。这种印象非常深刻，持续的时间也长，比以后得到的任何信息对事物整个印象产生的作用都强。

从破格录用想到的

《三国演义》中，凤雏庞统起初准备效力东吴，于是去面见孙权。孙权见庞统相貌丑陋、傲慢不羁，无论鲁肃怎样苦言相劝，最后，还是将这位与诸葛亮比肩齐名的奇才拒于门外。为什么会这样呢？是庞统无能，还是孙权根本不需要帮手呢？其实，造成这样的后果仅仅是因为庞统没能给孙权留下良好的“第一印象”。

如今，大家都认为工作不好找，尤其是刚毕业的人。其实，如果把握好求职时的第一印象，效果往往会出乎意料。

一个新闻系的毕业生正急于找工作。一天，他到某报社对总编说：“你们需要一个编辑吗？”

“不需要！”

“那么记者呢？”

“不需要！”

“那么排字工人、校对呢？”

“不，我们现在什么空缺也没有了。”

“那么，你们一定需要这个东西。”说着他从公文包中拿出一块精致的小牌子，上面写着“额满，暂不雇用”。总编看了看牌子，微笑着点了点头，说：“如果你愿意，可以到我们广告部工作。”

这个大学生通过自己制作的牌子，表现了自己的机智和乐观，给总编留下了良好的“第一印象”，引起对方极大的兴趣，从而为自己赢得了一份满意的工作。这也是为什么当我们进入一个新环境，参加面试，或与某人第一次打交道的时候，常常会听到这样的忠告：“要注意你给别人的第一印象噢！”

也许你会好奇，第一印象真的有那么重要，以至于在今后很长时间内都会影响别人对你的看法吗？心理学家曾做了这样一个实验：

心理学家设计了两段文字，描写一个叫吉姆的男孩一天的活动。其中，一段将吉姆描写成一个活泼外向的人：他与朋友一起上学，与熟人聊天，与刚认识不久的女孩打招呼等；另一段则将他描写成一个内向的人。

研究者让一些人先阅读描写吉姆外向的文字，再阅读描写他内向的文字；而让另一些人先阅读描写吉姆内向的文字，后阅读描写他外向的文字，然后请所有的人都来评价吉姆的性格特征。

结果，先阅读外向文字的人中，有78%的人评价吉姆热情外向；而先阅读内向文字的人中，则只有18%的人认为吉姆热情外向。

由此可见，第一印象真的很重要！事实上，人们对你形成的某种第一印象，往往日后也很难改变。而且，人们还会寻找更多的理由去支持这种印象。有的时候，尽管你的表现并不符合原先留给别人的印象，但人们在很长一段时间里仍然要坚持对你的最初评价。例如，一对结婚多年的夫妻，最清晰难忘的，是初次相逢的情景，在什么地方，什么情景，站的姿势，开口说的第一句话，甚至窘态和可笑的样子都记得清清楚楚，终生难忘。

成功打造第一印象，占据他人心中有利地形

了解了第一印象的重要性，现在我们来谈谈应该怎样给人留下良好的第一印象。

通常，第一印象包括谈吐、相貌、服饰、举止、神态，对于感知者来说都是新的信息，它对感官的刺激也比较强烈，有一种新鲜感。这好比在一张白纸上，第一笔抹上的色彩总是十分清晰、深刻一样。随着后来接触的增加，各种基本相同的信息的刺激，也往往盖不住初次印象的鲜明性。所以，第一印象的客观重要性还是显而易见的，并在以后交往中起了“心理定式”作用。

如果你与人初次见面就不言不语、反应缓慢，给人的第一印象基本就是呆板、虚伪、不热情，对方就可能不愿意继续了解你，即使你尚有许多优点，也不会被人接受；而如果你给人留下的第一印象是风趣、直率、热情，即使你身上尚有一些缺点，对方也会用自己最初捕捉的印象帮你掩饰短处。

一般来说，想给他人留下良好的第一印象，必须要牢记以下 5 点：

1. 显露自信和朝气蓬勃的精神面貌

自信是人们对自己的才干、能力、个人修养、文化水平、健康状况、相貌等的一种自我认同和自我肯定。一个人要是走路时步伐坚定，与人交谈时谈吐得体，说话时双目有神，目光正视对方，善于运用眼神交流，就会给人以自信、可靠、积极向上的感觉。

2. 讲信用，守时间

现代社会，人们对时间愈来愈重视，往往把不守时和不守信用联系在一起。若你第一次与人见面就迟到，可能会造成难以弥补的损失，最好避免。

3. 仪表、举止得体

脱俗的仪表、高雅的举止、和蔼可亲的态度等是个人品格修养的

重要部分。在一个新环境里，别人对你还不完全了解，过分随便有可能引起误解，产生不良的第一印象。当然，仪表得体并不是非要用名牌服饰包装自己，更不是过分地修饰，因为这样反而会给人一种轻浮浅薄的印象。

4. 微笑待人，不卑不亢

第一次见面，热情地握手、微笑、点头问好，都是人们把友好的情意传递给对方的途径。在社会生活中，微笑已成为典型的人性特征，有助于人们之间的交往和友谊。但与别人第一次见面，笑要有度，不停地笑有失庄重；言行举止也要注意交际的场合，过度的亲昵举动，难免有轻浮油滑之嫌，尤其是对有一定社会地位的朋友，不应表露巴结讨好的意思。趋炎附势的行为不仅会引起当事人的蔑视，连在场的其他人也会瞧不起你。

5. 言行举止讲究文明礼貌

语言表达要简明扼要，不乱用词语；别人讲话时，要专心地倾听，态度谦虚，不随便打断；在听的过程中，要善于通过身体语言和话语给对方以必要的反馈；不追问自己不必知道或别人不想回答的事情，以免给人留下不好的印象。

定律二十九

刺猬法则：

与人相处，距离产生美

【定律阐释】

刺猬法则主要是指人际交往中的“心理距离效应”，人与人之间，需要保持适当的距离，只有这样，才能最大限度地感受彼此的美好。

我们都需要一定的“距离”

生物学家曾做过一个实验：冬季的一天，把十几只刺猬放到户外空地上。这些刺猬被冻得浑身发抖，为了取暖紧紧地靠在一起，而相互靠拢后，它们身上的长刺又把同伴刺疼，很快就分开了。但寒冷又迫使大家再次围拢，疼痛又迫使大家再次分离。如此反复多次，它们终于找到了一个较佳的位置——保持一个忍受最轻微疼痛又能最大程度取暖御寒的距离。其实，人与人之间亦是如此，良好交际需要保持适当的距离。

下面，我们先来做一个小小的选择题：

你要坐公交车出去玩，上车后你发现只有最后一排还有五个座位，走在你前面的两个人，一个选了正中间的座位，一个选了最右侧靠窗子的座位。剩下三个座位中，一个在前两个人之间，两个在中间人与最左侧的窗户之间。这时，你会坐在哪里呢？

想必，你多半会选择最左侧窗户的座位，而不是紧挨着两个人中的任何一位坐下。不要好奇，这是因为人与人之间，也像前面讲的刺猬那样，彼此需要一定的距离。

这种距离，有时是环绕在人体四周的一个抽象范围，用眼睛没法看清它的界限，但它确确实实存在，而且不容他人侵犯。

例如，无论在拥挤的车厢里，还是电梯内，你都会在意他人与自己的距离。当别人过于接近你时，你可以通过调整自己的位置来逃避这种接近的不快感；但是空间里挤满了人无法改变时，你只好以对其他乘客漠不关心的态度来忍受心中的不快，所以看上去神态木然。

关于这方面，一位心理学家曾做过这样一个实验：

在一个刚刚开门的阅览室，当里面只有一位读者时，心理学家进去拿了把椅子，坐在那位读者的旁边。实验进行了整整 80 个人次。结果证明，在一个只有两位读者的空旷的阅览室里，没有一个被试者能够忍受一个陌生人紧挨自己坐下。当他坐在那些读者身边后，被试者不知道这是在做实验，很多人选择默默地远离到别处坐下，甚至还有人干脆明确表示："你想干什么？"

这个实验向我们证明了，任何一个人，都需要在自己的周围有一个自己可以把握的自我空间，如果这个自我空间被人触犯，就会感到不舒服、不安全，甚至恼怒起来。

所以，我们在现实生活中，在人际交往中，一定要把握适当的交往距离，就像前面互相取暖的刺猬那样，既互相关心，又有各自独立的空间。

交际中的距离学问

既然距离在人际交往中如此重要，那么，究竟保持多远的距离才合适呢？一般而言，交往双方的人际关系以及所处情境决定着相互间自我空间的范围。

美国人类学家爱德华·霍尔博士划分了 4 种区域或距离，各种距离都与双方的关系相称。

1. 亲密距离

所谓"亲密距离"，即我们常说的"亲密无间"，是人际交往中的最小间隔，其近范围在 6 英寸（约 15 厘米）之内，彼此间可能肌肤相触、耳鬓厮磨，以致相互能感受到对方的体温、气味和气息；其远范围是 6 ~ 18 英寸（15 ~ 44 厘米），身体上的接触可能表现为挽臂执手，或促膝谈心，仍体现出亲密友好的人际关系。

这种亲密距离属于私下情境，只限于在情感联系上高度密切的人之间使用。在社交场合，大庭广众之下，两个人（尤其是异性）如此贴近，就不太雅观。在同性别的人之间，往往只限于贴心朋友，彼此十分熟识而随和，可以不拘小节，无话不谈；在异性之间，只限于夫妻和恋人之间。因此，在人际交往中，一个不属于这个亲密距离圈子内的人随意闯入这一空间，不管他的用心如何，都是不礼貌的，会引起对方的反感，也会自讨没趣。

2. 个人距离

这是人际间隔上稍有分寸感的距离，较少有直接的身体接触。个人距离的近范围为 1.5 ~ 2.5 英尺（46 ~ 76 厘米），正好能相互亲切握手，友好交谈。这是与熟人交往的空间，陌生人进入这个范围会构成对别人的侵犯。个人距离的远范围是 2.5 ~ 4 英尺（76 ~ 122 厘米），任何朋友和熟人都可以自由地进入这个空间。不过，在通常情况下，较为融洽的熟人之间交往时保持的距离更靠近远范围的近距离（2.5 英尺）一端，而陌生人之间谈话则更靠近远范围的远距离（4 英尺）一端。

人际交往中，亲密距离与个人距离通常都是在非正式社交情境中使用，在正式社交场合则使用社交距离。

3. 社交距离

这个距离已超出了亲密或熟人的人际关系，而是体现出一种社交性或礼节上的较正式关系。其近范围为 4 ~ 7 英尺（1.2 ~ 2.1 米），一般在工作环境和社交聚会上，人们都保持这种程度的距离；社交距离的远范围为 7 ~ 12 英尺（2.1 ~ 3.7 米），表现为一种更加正式的交往关系。

例如，公司的经理们常用一个大而宽阔的办公桌，并将来访者的座位放在离桌子一段距离的地方，这就是为了与来访者谈话时能保持一定的距离。还有，企业或国家领导人之间的谈判、工作招聘时的面谈、教授和大学生的论文答辩等，往往都要隔一张桌子或保持一定距离，这样就增加了一种庄重的气氛。

4. 公众距离

通常，这个距离指公开演说时演说者与听众所保持的距离。其近范围为 12 ~ 25 英尺（约 3.7 ~ 7.6 米），远范围在 25 英尺之外。这是一个几乎能容纳一切人的“门户开放”的空间，人们完全可以对处于空间内的其他人“视而不见”、不予交往，因为相互之间未必发生一定联系。因此，这个空间的活动，大多是当众演讲之类，当演讲者试图与一个特定的听众谈话时，他必须走下讲台，使两个人的距离缩短为个人距离或社交距离，才能够实现有效沟通。

当然了，人际交往的空间距离不是固定不变的，它具有一定的伸缩性，这依赖于具体情境、交谈双方的关系、社会地位、文化背景、性格特征、心境等。

了解了交往中人们所需的自我空间及适当的交往距离，我们就能够有意识地选择与人交往的最佳距离；而且，通过空间距离的信息，还可以很好地了解一个人的实际社会地位、性格以及人们之间的相互关系，更好地进行人际交往。

定律三十

自我暴露定律：

适当暴露，让你们的关系更加亲密

【定律阐释】

自我暴露定律，是指在人际交往中，适当地展示自己的真实情感和想法，更容易取得对方的信任、理解和支持，也是给人好感的前提。

适当的“自我暴露”有助加深亲密度

你有秘密吗？你是否发现自己与身边最亲密的人往往共同分享着彼此的许多秘密，而对于那些交情一般的人，你们之间几乎任何秘密都没有？你还可以回想一下，与最好的朋友的友谊，是不是从那一次你们两人互诉真心开始建立的？想必，你对上述几个问题的答案基本都是“是”。无须奇怪，这就是人际交往中的自我暴露定律。

研究交际心理学的人士曾指出，让人家看到自己的缺点或弱点，人家才会觉得你真实可信，不存虚假，从而产生亲近感；反之，完全把自己“藏起来”，就会使人感觉造作、虚伪、有压力。

小敏是宿舍中最擅长交际的一个，并且人也长得漂亮。但同宿舍甚至同班的其他女孩都找到了自己的男朋友，唯独漂亮、擅长交际的小敏仍是独自一人。

为什么呢？她身边的同学都表示，她太神秘，别人很难了解她。和她有过接触的男同学也说，刚开始和她交往时，感觉她是个活泼开朗的女孩，但时间一长，就发现她其实很封闭。

原来，小敏一直对自己的私生活讳莫如深，也从不和别人谈论自己，每当别人问起时，她就把话题岔开，怪不得同学们都觉得她神秘呢！

生活中有一些人是相当封闭的，当对方向他们说出心事时，他们却总是对自己的事情闭口不谈。但这种人不一定都是内向的人，有的人话虽然不少，但是从不触及自己的私生活，也不谈自己内心的感受。

人之相识，贵在相知；人之相知，贵在知心。要想与别人成为知心朋友，就必须表露自己的真实感情和真实想法，向别人讲心里话，坦率地表白自己、陈述自己、推销自己，这就是自我暴露。

当自己处于明处，对方处于暗处，你一定不会感到舒服。自己表露情感，对方却讳莫如深，不和你交心，你一定不会对他产生亲切感和信赖感。当一个人向你表白内心深处的感受，你可以感到对方信任你，想和你进行情感的沟通，这就会一下子拉近你们的距离。

在生活中，有的人知心朋友比较多，虽然他看起来不是很擅长社交。如果你仔细观察，会发现这样的人一般都有一个特点，就是为人真诚，渴望情感沟通。他们说的话也许不多，但都是真诚的。他们有困难的时候，总会有人来帮助，而且很慷慨。

而有的人，虽然很擅长社交，甚至在交际场合中如鱼得水，但是他们却少有知心朋友。因为他们习惯于说场面话，做表面工夫，交朋友又多又快，感情却都不是很深；因为他们虽然说很多话，却很少暴露自己的真实感情。

要知道，人和人在情感上总会有相通之处。如果你愿意向对方适度袒露，就会发现相互的共同之处，从而和对方建立某种感情的联系。向可以信任的人吐露秘密，有时会一下子赢得对方的心，赢得一生的友谊。

如果希望结交知心朋友，你不妨先对他们敞开自己的心扉！

过犹不及，暴露自己要有度

人常说："凡事要有度，凡事不能过度。"一点儿也没错，在交际中，自我暴露是赢得他人好感的有效方式，但这种暴露同样要做到“适度”。

小鱼是某大学的研究生，刚入学不久，她就把同班同学“雷”到了。一天早上上课，课间，坐在前排的她转过身和一位同学借笔记，还回来时笔记里竟然夹了一张男生的照片，于是小鱼打开了话匣子，跟后面的同学聊了起来，说那是她在火车上认识的新男友，正热恋。她从她和男友在哪儿租了房子、昨天买了什么菜、谁做的晚饭，说到她如何如何幸福，甚至说到二人世界里亲密的小细节……

这样的事情有很多，而且她经常不分时间场合随便就跟别人讲自己的一些私事。到后来，同学们一见到她就躲开了，大家都受不了她了。

由上面的这个例子我们可以看出，在人际交往的过程中，自我暴露要有一个度，过度的自我暴露反而会惹人厌。

在人际交往中，自我暴露应注意以下几个问题：

自我暴露应遵循对等原则，即当一个人的自我暴露与对方相当时，才能使对方产生好感。比对方暴露得多，则给对方以很大的威胁和压力，对方会采取避而远之的防卫态度；比对方暴露得少，又显得缺乏交流的诚意，交不到知心朋友。

自我暴露应循序渐进。自我暴露必须缓慢到相当温和的程度，缓慢到足以使双方都不感到惊讶的速度。如果过早地涉及太多的个人亲密关系，反而会引起对方的忧虑和不信任感，认为你不稳重、不敢托付，从而拉大了双方的心理距离。

真正的亲密关系是建立得很慢的，它的建立要靠信任和与别人相处的不断体验。因而，你的“自我暴露”必须以逐步深入为基本原则，这样，你才会讨人喜欢，才能交到知心朋友。

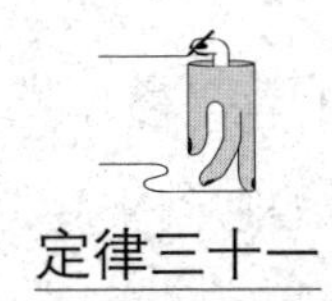

定律三十一

互惠定律：

你来我往，人情互惠

【定律阐释】

互惠定律，指在人际交往中要懂得知恩图报，尽量以相同的方式报答他人为我们所做的一切，指双方的互惠共赢。

投桃报李，学会感恩

爱默生说过："人生最美丽的补偿之一，就是人们真诚地帮助别人之后，同时也帮助了自己。帮助别人也就是帮助你自己。"你送出什么就收回什么，你播种什么就收获什么。你帮助的愈多，你得到的也就愈多；而你愈吝啬，也就愈可能一无所得。"爱别人就是爱自己"，这句很经典的话，其实已说出了人际关系的"核心秘密"——你付出别人所需要的，他们也会给予你所需要的。

古语有云："投我以桃，报之以李。"对于别人的恩惠，我们不能无动于衷，而要以另一种好处来报答他人。

在第一次世界大战中，为了刺探对方敌情，各国专门培训了一批特种兵，其任务是深入敌后去抓俘虏回来审讯。

当时的战争是堑壕战，大队人马要想穿过两军对垒前沿的无人区是十分困难的，如果一个士兵悄悄爬过去，溜进敌人的战壕，相对来说就比较容易了。

有一个德军特种兵以前曾多次成功地完成这样的任务，这次他又接到任务出发了。他很熟练地穿过两军之间的地带，悄无声息地出现在敌军战壕中。

一个落单的士兵正在吃东西，毫无戒备，一下子就被德国兵缴了械。他手中还举着刚才正在吃的面包，这时，他本能地把一块面包递给对面突袭的敌人。

面前的德国兵忽然被这个举动打动了，他做出了不可思议的行为——他没有俘虏这个敌军士兵，而是将其放了，自己空着手回去，虽然他知道回去后上司会大发雷霆。

这个德国兵为什么这么容易就被一块面包打动呢？其实，人的心理是很微妙的，在得到别人的好处或好意后，就想要回报对方。虽然德国兵从对手那里得到的只是一块面包，或者他根本没有想要那块面包，但是他感受到了对方对他的一种善意。即使这善意中包含着一种恳求，但这毕竟是一种善意，是很自然地表达出来的，在一瞬间打动了他。他在心里觉得，无论如何不能把一个对自己好的人当俘虏抓回去，更别说要了这个人的命。

其实这个德国兵不知不觉地受到了心理学上互惠定律的左右。得到对方的恩惠就一定要报答的心理，是人类社会中根深蒂固的一个行为准则。

一位心理学教授做过一个小小的实验，证明了这个定律：

他在一群素不相识的人中随机抽样，给挑选出来的人寄去了圣诞卡片。但没有想到，大部分收到卡片的人都给他回寄了一张，而实际上他们都不认识他。

给他回赠卡片的人，根本就没有想过打听一下这个陌生的教授到底是谁，他们收到卡片，自动就回赠了一张。也许他们想，可能自己忘了这个教授是谁了，或者这个教授有什么原因才给自己寄卡片。不管怎样，自己不能欠人家的情，给人家回寄一张总是没有错的。

这个实验虽小，却证明了互惠定律的作用。当然，你也可以使用这个原理来提升自己的影响力。如果从别人那里得到了好处，我们应该回报对方；如果一个人帮了我们，我们也会帮他，或者给他送礼品，或请他吃饭；如果别人记住了我们的生日，并送我们礼品，我们对他也会这么做。

人与人的相处其实是很简单的，你想要别人把你当作朋友，那你必须先把别人当作朋友。

播种爱心，赢得朋友

中国历来讲究礼尚往来，这似乎也是人类行为不成文的规则。与人交往讲究互惠互利，双方需要保持利益平衡，如果利益平衡被打破，就会导致关系破裂。互相帮助，有来有往，用真心换取真心，这样才能使我们赢得更多的人心，也能使友谊更加稳固。

人与人之间的互动，就像坐跷跷板一样，要高低交替。一个永远不肯吃亏、不肯让步的人，即使真正得到好处，也是暂时的，他迟早要被别人讨厌和疏远。得到别人的好处或好意，及时回报，这能够表明自己是一个知恩图报的人，有利于相互交往的发展。

在不是很熟悉的朋友之间，你求别人办事，如果没有及时回报，下一次又求人家，就显得不太自然，因为人家会怀疑你是否有回报的意识，是否感激他对你的付出。如果对方突然有一件事反过来求你，你即使觉得不太好办的话，也难以拒绝。俗话说："受人一饭，听人使唤。"为了保持一定的自由，最好不要欠人情。当然，在关系很密切的朋友之间，就不一定要马上回报，那样反而可能显得生疏。但也不等于不回报，有机会的时候还是应该回报的。

在人生的旅途中，我们一直在播种，也许我们不经意的一次善意，就会获得意想不到的感激。当然，我们付出的时候并不是为了得到回报，可生活就是这样，有播种就会有收获，对我们来说也许只是绵薄之力，对需要帮助的人来说则可能会是新的人生起点。

在尼泊尔白雪覆盖的山路上，刺骨的寒气伴随着暴风雪，让人很难睁开双眼。有个男子走了很久，好不容易碰到一个旅行家，两个人自然而然地成了旅途上的同伴。半路上他们看到一个老人倒在雪地里，如果置之不理，老人一定会被冻死。“我们带他一起走吧，先生！请你帮帮忙。”男子提议。旅行家听了很生气地说：“这么大的风雪，咱们照顾自己都难，还顾得了谁呀！”说完便独自离去了。

这个男子只好背起老人继续往前走。不知过了多久，他全身被汗水浸湿，这股热气竟然温暖了老人冻僵的身体，老人慢慢恢复了知觉。两人将彼此的体温当成暖炉相互取暖，忘却了寒冷的天气。

“得救了，老爷爷，我们终于到了！”看到远处的村庄，男子高兴地对背上的老人说。当他们来到村口时，发现一群人聚在一起议论纷纷。男子挤进人群中一看，原来是有个男人僵硬地倒卧在雪地上。当他仔细观看尸首时，吓了一大跳——冻死在距离村子咫尺之遥的雪地上的男人，竟然就是当初为了自己活命而先行离开的那个旅行家。

行路的男子并不知道帮助老人会为自己赢得生机，他只是出于悲悯之心才背着老人行进的。救人一命，胜造七级浮屠，男子的善心不但救了老人的性命，更让自己成功走出困境，而旅行家则为他的自私付出了代价。

面对需要帮助的人，千万不要吝惜自己的爱心，善待他人，把你的爱心奉献出来。在你不经意地付出以后，也许会有意想不到的惊喜。播种你的爱心，让它在你的周围生根发芽，当你迎来硕果累累的金秋时，你就是拥有最多财富的富翁。

定律三十二

换位思考定律：将心比心，换位思考

【定律阐释】

换位思考定律，指在人际交往中要懂得站在对方的立场上，为对方考虑。不能一切都从自我出发，只站在自己的立场上想问题。

己所不欲，勿施于人

曾经有位因不会与人交往而处处遭人白眼的年轻人，非常苦恼地去找智者，希望智者能告诉他与人交往的秘诀。结果，那智者只送了他四句话：“把自己当成别人，把别人当成自己，把别人当成别人，把自己当成自己。”年轻人当时不明白，以为智者不想告诉他秘诀，所以随便说了几句来敷衍他。而智者却说：“你回去吧，这就是秘诀。你会明白的。”后来，这位年轻人反复琢磨，经过实践后，终于明白了智者的话。与人交往的秘诀其实就是换位思考。

中国自古就有“己所不欲，勿施于人”的古训，而西方的《圣经》里也有这样的教诲：“你们愿意别人怎样待你，你们就怎样对待别人。”人与人的交往，都是将心比心的。只有懂得为别人考虑的人，才能获得别人的真情。生活中，每个人所处的环境、地位、角色不同，所以每个人对同一个事物的想法也会有所不同，不要只从自己的立场出发来想事情，要懂得从别人的立场上看问题，这样你的观点才会更客观，你的胸怀才会更宽广，你的朋友才会更多，你的事业也会更成功。

这世上有很多争吵，都是因为我们不会从别人的立场上看问题而导致的。如果我们每个人都能站在别人的立场上为别人考虑，那么这个世界将变成爱的海洋，和谐美满的天堂。妻子总觉得丈夫不体贴，丈夫总觉得妻子不温柔；老师总觉得学生不听话，学生总觉得老师不讲道理；家长总觉得孩子不可救药，孩子则认为家长专制独裁；老板总认为员工爱偷懒，员工总觉得老板是吸血鬼……大家都只从自己的立场出发想问题，那将无法进行沟通和获得理解。

从前，有一个男人厌倦了天天忙碌的工作，每天回家看到妻子总是羡慕她的悠闲舒适。于是有一天，他向上帝祈祷，希望上帝把他变成女人，让他和妻子互换角色。结果，第二天早上祈祷灵验了：他变成妻子的模样，妻子变成了他的模样。他高兴极了，心想从这以后我就能享受美好的悠闲生活了。可还没等他想完，“丈夫”就抗议道：“你怎么还不去做早餐，我上班要迟到了。”于是，他赶紧起床去做早餐。做完早餐，又去叫孩子们起床，给孩子们穿衣服，吃早餐，装好午餐，送孩子们上学。回到家后，又开始打扫卫生，洗衣服，到超市买菜，准备晚餐……只一天，他就受不了了，太累了，比他上班还累。第二天一醒来，他就祷告，请求上帝再把他变回去。而上帝却对他说：“把你变回去，可以。但是，要再等 10 个月，因为你昨天晚上怀孕了。”

这个有意思的故事，说的还是换位思考的问题。不要以为别人的工作就比你轻松，别人就比你活得容易。

每个人都有每个人的责任，每个人都有每个人的忧喜。只有设身处地为他人考虑，你才能真正地了解他的想法，理解他的行为。

换位思考是一种态度，更是一种品德。懂得换位思考的人，才值得别人尊敬。如果你不想别人剥夺你的生命，那就别当着别人的面抽烟；如果你不想别人啐你的脸，那你就不要随地吐痰；如果你不想别人用污秽的字眼说你，那你也不要随便辱骂别人；如果你不想自己被人瞧不起，那你也不要戴着“有色眼镜”看人。

总之，己所不欲，勿施于人，懂得站在别人的立场上考虑问题，希望别人怎么对你，你就怎么对别人。

设身处地为他人考虑

其实，设身处地为他人考虑，也是为自己考虑。在这个世界上，没有哪个人是不依赖他人而孤立存在的。社会就是人与人合作互助的结构，不懂得为他人考虑的人，也没有人会为你考虑。只想着自己，自私自利的人，以为没有吃亏，却也难有收获，而且还会失去很多，比如尊重、理解、爱戴、朋友，甚至更多。

曾经看过一个非常悲惨的故事，讲的正是不懂得设身处地为他人考虑而导致的悲剧。

一个参军的年轻人，由于在战场上误踩了地雷，致使他失去了一只胳膊和一条腿。他痛苦万分，但想到爱他的父母，他的心底又燃起了活下去的希望。可他现在这个样子，父母会如何看待他呢？他决定还是打个电话给父母，再做打算。于是，他拨通了父母家里的电话："爸爸，妈妈，我要回家了。但我想请你们帮我一个忙，我想带一位朋友回去。"父母听后，很高兴："当然可以，我们也很高兴能见到他。"年轻人接着说："但是这位朋友不是一般的人，他在这次战争中失去了一只胳膊和一条腿。他无处可去，我希望他能来我们家和我们一起生活。"年轻人这话一出口，电话中就传来父母的声音："我们很遗憾听到这件事，但是这样一个残疾人将会给我们带来沉重的负担，我们不能让这种事干扰我们的生活。我想你还是快点儿回家来，把这个人给忘掉，他自己会找到活路的。"听到这些，年轻人挂上了电话。几天后，他的父母接到了警察局的电话，说他的儿子从高楼上坠地而死，调查结果认定是自杀。当悲痛欲绝的父母，赶到陈尸间，看到儿子的尸体时，他们惊呆了：他们的儿子只剩一只胳膊和一条腿。

这就是只想到自己的结果。生活中，这样的悲剧还有很多。灾难发生在别人身上是故事，发生在自己身上才是事故。而这世界是公平的，风水轮流转，那发生在别人身上的不幸，也可能发生在自己身上。你怎么对待别人的，别人就会怎么对待你。所以，要处处为别人考虑。

在别人有难时，不要幸灾乐祸，而是想着帮助别人。无论何时都要为别人考虑，这样你的人生会不断地发现惊喜。

圣诞节那天，妈妈带着女儿在街上玩。妈妈一个劲地说："宝贝，你看多美啊！"可女儿却回答："我什么美也看不到！"妈妈很生气："你看那漂亮的五彩灯、圣诞树，还有琳琅满目的各式礼品，你怎么会看不到呢？"女儿很委屈："可我真的什么也没有看到。"这时，女儿的鞋带开了，妈妈蹲下来为她系鞋带。就在这时，妈妈发现她蹲下来的时候，除了前方一个女人的格子裙以外，什么也看不到。原来，那些东西都放得太高了。

所以，当别人给的答案不是你想要的时候，要想想为什么会这样。真正设身处地为他人着想，是每个人都应该明白的道理和应该学习的人生法则。

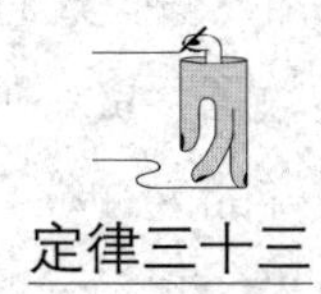

定律三十三

需求定律：

欲取先予，以退为进

【定律阐释】

需求定律，是指任何人做任何事情都是带有一种需求的，只有尊重并满足对方的需求，别人才会尊重我们的需求。

满足他人，成就自己

最会经商的犹太人在用自己的劳动成果进行食品交易时，会背诵一段著名的祷告，人们通过这些言语来感谢上帝创造出这些不完善和拥有众多需求的人。这些祷告让犹太人意识到，帮助别人满足需要或克服别人身上的不足，是一种值得尊敬的生活方式。当你满足了顾客、消费者和老板的需求，无论你是一名拉比还是一名宗教组织者，接受报酬是理所当然的事，因为这些钱是你满足别人需求的见证。

其实，无论是在商业行为还是在日常生活中，你只要尊重和满足他人的需求，同时你的需求也会得到满足。或者换句话说，如果你有某种个人的需求，那么就要去先满足别人的需求。

在激烈的商业竞争中，懂得满足消费者需求的企业才能立于不败之地。中国海尔是世界白色家电第一品牌，1984 年创立于中国青岛。它以满足消费者的需求为第一宗旨。无论是城市还是乡村，无论是中国还是欧美，海尔始终根据不同的消费需求研发相应的产品，让消费者用上适合的产品，自己才能获得丰硕的收入，这就是“欲取先予”的真谛。

在日常生活中，无论是与人相处还是要获得成功，都要明白欲取先予这个道理。有些人总是打着自己的小算盘，不想付出，只想回报，他们不懂“天下没有免费的午餐”。有些人总是处心积虑地计划着占别人的便宜，这种人迟早会被现实教训，贪小便宜，吃大亏。有些人总是处处替别人着想，先人后己，这样的人往往会得到很多，不仅是尊重、名望，还有财富。这就是大智若愚的吃亏学。看起来你是吃亏了，其实你的需求也得到了满足，并且对方还很高兴地自愿让你满足。

每当你给别人一个微笑的时候，别人也会还你一个微笑。你想别人怎么对你，你就得先怎么样对别人。

满足是相互的，有付出才会有回报

欲取先予说起来容易做起来难，人天生都是有些自私的，而且往往还伴随着一些虚荣，谁会甘心先为别人付出，谁会愿意先满足别人呢？如果我满足了别人，别人不来满足我，那我岂不是很吃亏吗？一般的人都会有这种顾虑，但是那些能成就大业者或生活中的强者，却从来不会计较这些，因为他们明白：有付出才会有回报。

如果不付出，虽然没有失去，但也没有得到，没有得到就是失去。无论你付出了什么，你总会有所收获。当然这里的收获也许不是你所期望的，但是可能会比你期望的带来更多。投之以桃，才能报之以李，不投自然无报。所以，要懂得为他人着想，懂得为别人付出。

很早以前读过这样一个关于天堂和地狱的故事：

在大家心里，天堂和地狱总是有着天壤之别，其实不然。

有一天，一个使者也是抱着这样的想法，去考察了天堂和地狱。他看到在天堂每个人都是红光满面，精神焕发；地狱里的人个个面黄肌瘦，像饿死鬼一样，每天非常痛苦。这更加坚定了他的信念：天堂与地狱差别真是太大了。可是细问之下才知道，天堂和地狱的人吃的东西是一样的，用的工具也是一样的。原来他们用的是1米长的大勺子，天堂的人用长把勺子互相喂别人食物，所以人人都可以吃到食物；地狱的人只想把装满食物的勺子往自己嘴里送，可是越想吃到东西，却越是吃不到，内心备受煎熬，所以面容枯槁。

天堂和地狱的真实差别就在于，天堂的人懂得互相付出，而地狱的人只想到自己罢了。所以，你如果想过天堂的生活，就要懂得先予后取的道理，这样你内心真正想要达到的目标才会得以实现。如果你只信奉“人不为己，天诛地灭”的信条，那么你就只能像地狱中的饿鬼一样，面容枯槁，事与愿违。只有设身处地地替别人考虑，想他人所想，急他人所急，大家才会互相扶助，各得所求，自然其乐融融。这就是所谓的“欲要取之，必先予之”。

我们在做事情的时候，不仅要有“双赢”的思想，而且要有“让对方先赢”的思想。不仅要有思想，而且要落实在行动上。这样我们才能获得我们想要的成就，才能满足我们内心的需求。就像钓鱼一样，我们必须要先给鱼下饵，才能钓到鱼，而鱼饵越好，你钓的鱼也越大。

《三国演义》里有这么个故事：

魏军准备攻打葭萌关，葭萌关告急。刘备派黄忠去支援。黄忠见魏军将领夏侯尚、韩浩头脑简单，便使了一招骄兵之计，主动出关迎战，然后一连几天都假装打败仗，后退数十里，丢了许多营寨、器械，然后退到葭萌关里，坚守不出。夏侯尚、韩浩自以为得胜，得意扬扬地开始攻打葭萌关。没料到被黄忠迎头痛击，打得落花流水，连韩浩都被黄忠斩杀于马前。黄忠不仅夺回了所有丢失的营寨阵地，还夺取了魏军的粮草重地天荡山，直逼汉中。

“以退为进”，是兵家常用之计，其实这中间运用的也是先予后取的道理。自己佯败，让敌人先获胜，这是予；然后借敌人大意之机再转败为胜，这是取。我们的人生也是这样，你只有先给了别人甜头，你才能满足自己的需求。

定律三十四

相悦定律：

喜欢是一个互逆的过程

【定律阐释】

人们往往喜欢与喜欢自己、能给自己带来愉悦的人交往。因为对方喜欢你而引起你喜欢对方，这就所谓的相悦定律。

想让别人喜欢你，先要喜欢上对方

看看你身边的人，你想过你喜欢的人通常具有哪些特征吗？你喜欢他们，是因为他们漂亮呢，还是因为他们聪明，或者是因为他们有社会地位？

心理学的研究表明，通常我们喜欢的人，是那些也喜欢我们的人。他们不一定很漂亮，或很聪明，或者有社会地位，仅仅是因为他们很喜欢我们，我们也就很喜欢他们。

那么，我们为什么会喜欢那些喜欢我们的人呢？这是因为喜欢我们的人使我们体验到了愉快的情绪，一想起他们，就会想起和他们交往时所拥有的快乐，使我们看到他们时，自然就有了好心情。

而且，那些喜欢我们的人使我们受尊重的需要得到了满足。因为他人对自己的喜欢，是对自己的肯定、赏识，表明自己对他人或者对社会是有价值的。

有心理学家曾做过这样一个实验：让被试“无意中”听到一个刚与他说过话的伙伴告诉主试喜欢或不喜欢他。接着，当这些同伴和被试在一起工作时，被试的面部表情会因他们听到的内容而异。当被试听到同伴喜欢他们时，他们会比在听到同伴不喜欢他们时在非言语表现上更积极。另外，后来的书面评定显示，被喜欢的被试比不被喜欢的被试更多地被同伴吸引。

其他的研究也证明了相似的结果：人们对那些他们认为喜欢他们的人持更积极的态度。这就是喜欢的互逆现象。

对于喜欢的互逆现象，戴尔·卡耐基很久以前就在著作《如何赢得朋友和影响他人》中提到，人们获得友谊的最好方式是“热情友善地称赞他人”。但是，在我们为赢得他人友谊而不遗余力地去赞美他人之前，我们需考虑一下情境，有时赞美并不一定能导致喜欢。

喜欢的互逆性规律也有例外发生，其中之一就是当我们怀疑他人说好话是为了他们自己时，别人的赞美并不会导致我们去喜欢他。

此外，对那些自我评价很低的人来说，喜欢的互逆性也不会发生。因为他们可能认为喜欢他的人没有眼光，并且因此而不去喜欢那些人。

在生活中，有很多这样的情况，就是两个人的相互喜欢是由一个人对另一个人单方面喜欢开始的。比如一个女孩开始时对一个追求她的男孩并没有多少好感，但是这个男孩子表现出了对她特别喜欢的态度，久而久之这个女孩也对这个男孩动心了，最后接受了他的追求。

当然，这个规律也不是绝对的。有时我们会喜欢某个并不喜欢我们的人，相反，我们不喜欢的人有时却很喜欢我们。我们只能说在其他一切方面都相同的情况下，人有一种很强的倾向，喜欢那些喜欢我们的人，即使他们的价值观、人生观都与我们不同。

喜欢是相互的，学着让别人喜欢你

喜欢是一种相互的行为。你喜欢的人，往往也会喜欢你；你讨厌的人，往往也都讨厌你。

一个班主任曾经做过一个实验，让全班同学把自己讨厌的人的名字统统写在字条上交给他。结果发现，在字条上写名字最多的人，也是被别人写的最多的人；而写名字最少的人，也是被别人写的最少的人。也就是说，在班上有许多讨厌对象的人，也是其他人最讨厌的人；在班上没有什么讨厌对象的人，也是全班人缘最好的人。

所以说，喜欢和讨厌都是相互的。那种感觉和表现，双方都能体会得到。

在人际交往中，有一种自然的吸引力，那就是人们都喜欢与喜欢自己的人交往。而决定一个人是否喜欢另一个人的强有力的因素就是：另一个人是否喜欢他。人们都不喜欢碰壁，也不喜欢自讨没趣。所以，他们往往会选择那些喜欢他们的人作为朋友和伴侣。

让别人喜欢你，是社交中非常重要的技能。只有让别人喜欢你，别人才会愿意与你交往。其实，让别人喜欢你，并不是一件很难的事。你只要懂得尊重别人，认可别人，赞扬别人，也就是说，你只要让别人明白你喜欢他，那他就自然会喜欢你。

善于发现别人身上的优点，找到别人感兴趣的话题，让对方感觉到你对他的关注和喜欢。这些都是社交中的制胜法宝。

著名销售专家伍奇先生就曾说过："推销员必须了解自己公司的产品，并且对产品有信心，工作勤奋，富有热情。但是，其中最重要的一点是他一定要喜欢别人。"要想获得别人的喜欢，就要先表现出喜欢别人，推销产品也是在推销自己，只有让顾客喜欢你，才能让顾客对你的产品产生兴趣。

在社交中，更是在推销自己，只有让别人喜欢你，别人才会愿意与你来往。人与人在感情上的融洽和相互喜欢，可以强化人际间的相互吸引。这种吸引就像一种魔力，人们很难挣脱开。所以，在日常交际中，不要轻易说出别人不喜欢听的话，批评或指责别人，更不能嘲笑或轻视别人，也不要表现得太过冷漠；要积极、热情、友善地对待别人，多看到别人的优点，适时地称赞别人，并向别人学习；但也不要一味地奉承，这也会让别人厌恶，只要适当地表达出你喜欢对方的意思就可以了。

每个人都希望自己能够得到别人的认可、尊重、欣赏和称赞。就像成功学大师卡耐基说的那样：“不管是屠夫，或是面包师，乃至宝座上的皇帝，统统都喜欢别人对他们表示好意。”人们对美言是没有抗拒力的。这个心理学家已经证明过了。所以，在人际交往中，要尽量地说些别人喜欢听的话，但这也不是让我们去为了一些私利而刻意恭维，而是要用我们的真心去发现别人的优点，真诚地表达出欣赏和爱慕之情。相悦定律起效的重要原因是回报心理，俗话说：伸手不打笑脸人。在爱情上，女孩子很难抵挡得住男孩子不断的甜言蜜语，即使她起初对他并不感兴趣。

相悦定律的痕迹在生活中比比皆是，但是能真正体会到其中含义、很好地运用的人并不是很多。其实，要让别人喜欢你，就要先学会喜欢别人，喜欢是相互的，是有付出的，你只有付出了才会有回报。一个只想到自己的人，很难受到别人的喜欢。因此，从学会喜欢别人开始吧。

定律三十五

钥匙理论：

真心交往才有共鸣

【定律阐释】

在人际交往中，只有付出真情，达到“交心”，才能获得共鸣。精诚所至，金石为开，真情实感最动人。

交往贵在交心

人与人的交往有很多种，最让人向往的要数“莫逆之交”。每个人都希望别人能理解自己，生活中有知心的朋友。而要得到这些都有一个大前提，那便是你要真心对待他人，把你的真心交给别人，你才能换来别人的真心，别人的理解。

曾经有个郁郁寡欢的青年去找智者抱怨：“为什么这个世界上就没有人能懂我？为什么大家都对我如此冷漠？”

智者看了看青年，说道：“没有人会理解一个没有真心的人，也没有人会愿意与虚情假意的人做朋友。你回去，用心与人交往，便会找到答案。”

青年听了智者的话，不懂，以为智者在故弄玄虚，就垂头丧气地回去了。在回家的路上，他看到了一位美丽的姑娘，十分喜欢。心想：这位姑娘正配做我的夫人，凭我的聪明才智肯定能把她娶到手。

于是，他就开始采取行动，用尽各种讨好的方法，可结果却为别人做了嫁衣裳——那位姑娘选了别人。

他非常生气地去问那位姑娘："为什么选他不选我？"

姑娘只说了一句话："因为他是真心喜欢我。"

又是真心？他想，我又何尝不是真心喜欢你？此事作罢，还是事业为重。这位青年放下了结婚的念头，决定先找份工作。在铺天盖地的招聘广告中，他选中了一家很有实力又能施展他才华的公司。他是个聪明人，知道这社会的"规矩"，事情都不是那么简单就能办成的。

于是，他买了公司老板最喜欢的茶叶，送给老板娘一套名贵的化妆品，更找到老板最信任的主管为他说好话。可是结果，他没有被录取。而那个平日里看起来傻呵呵的，总让别人占便宜的小马被录取了。他愤愤不平，找老板理论。

老板眼皮都没抬，说道："我看不到你的真心，我们公司不需要你这种太有心机的员工。"无奈，他只好另找活路。为了生存，他做了推销员。一个月过去了，他作为全公司成绩最差的推销员，面临被辞退的危机。他的上级找他谈话："你知道你为什么卖不出去产品吗？"他摇摇头，说："不知道。""因为顾客感觉不到你的真心。"上级说道。

真心到底是什么？他想去问别人，可是他没有可以问的人。与父母从不深入交谈，朋友都是点头之交，同事更是利益关系。他一下感到他的人生很失败。他再次去找智者，希望智者能告诉他真心是什么。智者没有说话，而是站起来给了他一个拥抱，并轻轻地抚摸他的头发。在那一瞬间，他突然情不自禁地痛哭流涕，满腹委屈都化作泪水流了出来。也就在那一瞬间，他明白了什么是真心。真心就是发自内心，没有半点儿虚假，没有半点儿伪装，心甘情愿地对一个人好，充满尊重与理解。

其实，人与人交往，不需要太多的技巧，太多的手段，只要付出真心就足够了。

真心能攻破铜墙铁壁，能抵过千军万马。人与人的交流，贵在交心。心与心的碰撞，才能产生共鸣，彼此知心。不要抱怨别人不理解你，你要先为别人打开你的心门；不要抱怨别人不和你做朋友，你要先学会用心与人交往；不要抱怨这个世道太坏好人太少，无论是谁都真心对待，你会看到另一片蓝天。

人际交往中，与他人心与心地交往，我们才不会感到孤单寂寞。

真情实感最动人

最能打动人心的美文，是有真情流露的文章；最动人心弦的表演，是充满真情的演示；最让人不能忘怀的形象，是充斥着真情实感的人物。普天之下，最能打动人心的非“真情实感”莫属。真情实感是一种态度，是一种表现，是一种品性。只有充满真情实感的人，才能打动别人的心。

在森林深处有一座城堡，据说里面塞满了宝物。住在城里的三兄弟决定去寻宝。老大拿了一把力大无比的铁锤，老二选了一把聪明无敌的钢锯，老三挑了一把不起眼的钥匙。他们花了三天三夜，终于找到了那个城堡。城堡很高，城门很结实，城门上的锁很沉重。三个人商量了一下，达成共识：要想进城堡唯一的方法就是打开城门上的锁。可如何打开呢？这时力大无比的铁锤毛遂自荐，对他的主人说：“主人，我力大无比，定能敲碎这城门上的锁。”老大想了想，觉得有道理。就让两个兄弟后退，自己拿着铁锤开始砸锁。可是任凭老大如何用力，那锁还是纹丝不动。最后，他不得不放弃。这时，聪明无敌的钢锯说话了：“这样硬砸是不行的，得用巧劲儿，主人，你拿着我试试！”老二听后，就拿着钢锯上前。找出最容易锯断的地方，用最省力的方法，开始拉锯。可是无论老二如何取巧，那锁还是没有一点儿变化。这时，那只被人遗忘的钥匙突然说话了：“主人，你用我试试！”老三还没有任何表示呢，那铁锤和钢锯就叫嚣起来了：“就凭你？我们这般强壮、聪明都不行，看你那弱不禁风、呆头呆脑的样子，怎么可能行？”老大、老二也觉得这钥匙不靠谱。可老三认为，还是试一试为好。结果，没想到老三把钥匙插进锁眼里，轻轻一扭，那锁竟开了。大家都很惊讶，只有钥匙很平静地说：“这没有什么，只因我懂它的心。”

这一句“我懂它的心”，道出多少真情来。打动那“无坚不摧”之锁的竟是一把小小的钥匙。在生活中，有很多这样的情况。即使冷若冰霜的人，只要你对他流露出真情实感，他也是会被你融化的。这世间最动听的歌，是有感情内涵的歌。在人际交往中，不要把自己包得太严，藏得太深，这样你永远也交不到知心的朋友。在与人交往时，更要懂得付出真情，用你的真情实感去打动别人，这是最容易被人忽视却又最有效的武器。

有一部电影叫《律政俏佳人》，讲的是一位非常可爱的小姑娘，在最严肃的法律界和政界取得成功的故事。而她之所以能取得成功就是因为她从来没有忘记人类最根本的东西，用她的真情打动了与她交往的每个人。律师往往为了案件的胜利不择手段，官员往往为了个人的利益不顾一切，而女主角却给他们上了一课，用自己的真情实感打动了他们，唤醒了他们的良知。

这个世界有很多规则，有很多限制，有很多危险。因此，这个世界更需要真情实感。永远不要让一些外在的东西蒙蔽了你的心智，用你的真心来面对这个世界，用真情实感来打动你身边的每一个人。这就是最简单也最有效的生活、社交法则。

定律三十六

沉默的螺旋：

如何有效表达自己不离群

【定律阐释】

沉默的螺旋，是一个政治学和大众传播理论，由德国心理学家伊利莎白·诺埃尔·纽曼提出。该理论指出，人出于社会天性，大多数个人会力图避免由于单独持有某些态度和信念而产生交往中的孤立，而总是寻求与周围关系的和谐。如果一个人感觉到他的意见是少数的，他比较不会表达出来，因为害怕被多数的一方报复或孤立。

人际交往中"沉默的螺旋"

"沉默的螺旋"来源于这样一个事实：1965 年德国阿兰斯拔研究所对即将到来的德国大选进行了研究。在研究过程中，两个政党在竞选中总是处于并驾齐驱的状况，第一次估计的结果出来，两党均有获胜的机会。然而 6 个月后，即在大选前的两个月，基督教民主党与另一个党获胜的可能性是 4 ∶ 1，这对基督教民主党在政治上的胜利期望升高有很大的帮助。在大选前的最后两周，基督教民主党赢得了 4% 的选票，社会民主党失去了 5% 的选票。在 1965 年的大选中，基督教民主党以领先 9% 的优势赢得了大选。

从这个事实中我们可以看到这样一个现象：人们在表达自己想法和观点的时候，如果看到自己赞同的观点受到广泛欢迎，就会积极参与进来，这类观点越发大胆地发表和扩散；而发觉某一观点无人或很少有人理会，即使自己赞同它，也会保持沉默。竞争一方的沉默造成另一方的增势，如此循环往复，便形成一方的声势越来越强大，另一方越来越沉默下去的发展过程。

这样一来，就会导致出现一个问题：团队意见的最后决定可能不是团队成员经过理性思考之后的结果，而可能是对团队中的主流思想意见的趋同后的结果。然而，有时候，主流思想所强调的东西，却不一定就是正确的东西。当团队中的少数意见与多数意见不同的时候，少数有可能屈于"主流"的压力，表面上采取认同，但实际上内心仍然坚持自己的观点，这就可能出现某些团队成员心口不一的现象。

可以特立，但不要独行

我们在生活中，总是会与各种各样的人打交道，有熟悉的，也有陌生的；有和善的，也有刁蛮的。而一个人不可能与所有性格的人相处得非常融洽。那么，究竟该如何与人相处呢？既要融到大家的队伍中去，又要保持自己的独特性，不在人群中迷失自我。

透过我们身边的一些"沉默的螺旋"现象，我们可以更好地审视我们的生活，让我们学会更多为人处世的方法。让"螺旋"在"沉默"中上升，使自己在人际交往中特立但不独行。

1. 要尽量融入积极的环境中

如果身边的人都勤奋好学、朴实稳重，那么，自己作为一个随性的人，就要尽量融入这样的氛围当中。因为，这种主流的行为会给你带来积极的影响。其实，这就是典型的沉默的螺旋。生活在这样的环境中，周围人的行为将极大地影响到自身。看到周围的人都在努力，自己也不甘居人后；看到大家都在玩耍，自己也不愿意孤单独处。长此以往，沉默的螺旋就会带动你成为一个团队中不可或缺的组成成员。

2. 要勇于在消极的环境中保持自身独特性

每个人都在不同的环境中扮演着不同的角色，有的环境会带来积极的影响，有的环境容易把人引向歧途。面对身边的不良的环境氛围，要勇于说出自己的想法，从中挣脱出来。例如，有的学生家庭条件一般，但是周围的同学却花钱大手大脚，经常在吃、穿、玩上面有大笔的开销，甚至荒废了学业。当意识到身处的环境对自己有消极影响的时候，就不要一味地迁就所谓的“主流思想”了，从小的范围内走出来，你会发现还有更大的更好的环境可以去融入，并赞成你明智的做法。

3. 有的时候要顺其自然，不必刻意地进入某个环境中

每个人的思想和心智都会随着年龄的增长而日渐成熟。对于有些问题，就要有自己的判断能力，要正确地进行取舍。也有一些问题，无关紧要，自然也就没有必要为了迁就某一方而委屈了自己的心意。比如，身边的人可能在奋斗了多年之后都成为了有房有车一族，而自己却还在奋斗的路上缓步前进着，这时，不可能因为要进入所谓的“主流社会”而背负大笔的贷款去买房买车。每个人都有自己的人生规划，等到资金积攒够了，为了方便生活，自然可以购置，还没达到那个经济水平，也同样可以生活得轻松愉快。面对物质财富，顺其自然最好，不要过于计较。

生活中的沉默螺旋随处可见，有积极的方面，也有消极的方面。其实，沉默的螺旋这个效应本身并无好坏之分，关键要看懂得它的人如何利用，从而让它在适当的场合发挥出应有的效力。如果只是盲目地人云亦云，那就将使自己变得平庸无奇，失去自身的独特性。因此，要跳出沉默的螺旋，唯一的出路就是接受百家争鸣的局面，聆听反对者的声音，让真理越辩越明。所以，在与周围的人建立良好的人际关系并融洽相处的基础上，我们也要有自己的主见，培养自己判断是非对错的能力，凡事三思而后行，不要被别人的言行左右了自己前进的方向。正所谓“有主见才有魅力，有决断才有魄力”。坚持自己的原则和方向，宁做独树一帜的雄鹰，勿做人云亦云的鹦鹉。

定律三十七

自信心定律：

出色工作，先点亮心中的自信明灯

【定律阐释】

自信心定律，指一个相信自己有能力完成各种任务、能应付各种事件、能达到预定目标的人，必然是一个充满自信的人，也是非常容易成功的人。

丢掉第6份工作引发的职场思考

“难道我真的一无是处，是个没用的人？”刚刚失去第6份工作的李磊（化名）想起3年来在工作中的点点滴滴，对自己彻底失去了信心。

他说，前几天刚被老板辞退，这已经是他毕业3年来的第6份工作了。他自己觉得，不自信是丢掉工作的主要原因。原来，1周前李磊到一家牙科诊所应聘，老板问他是什么学历，因为害怕老板嫌弃自己的学历低，李磊便谎称是本科学历，而实际上他是大专学历。本以为老板只是问问学历，没想到上班之后，老板天天要他拿出学历证书。再也瞒不过去的李磊只得向老板吐露了实情，结果第2天老板就以“为人不诚实”将他辞退了。

“一家私人诊所可能也不会太在乎学历，我毕业3年了，有实践经验，这对老板来说可能比学历更为重要。”李磊很后悔当初不自信，没有对老板说实话。

李磊的经历给我们带来了深刻的思考：职场上，自信心对于一个人很重要。要想老板看重你，首先要自己看重自己。

客观上来说，一个人有没有自信，来源于对自己能力的认识。充满自信就意味着对自己“信任”、欣赏和尊重，意味着对工作胸有成竹、很有把握。

未来学家弗里德曼在《世界是平的》一书中预言：“21 世纪的核心竞争力是态度。”这就是在告诉我们，积极的心态是个人决胜未来最为根本的心理资本，是纵横职场最核心的竞争力。

所谓的积极心态，自信心当然是非常重要的一部分。一个失去自信的人，就是在否定自我的价值，这时思维很容易走向极端，并把一个在别人看来不值一提的问题放大，甚至坚定地相信这就是阻碍自己进步的唯一障碍，自然就很难有出类拔萃的成就了。

事实上，工作中若能时刻保持一种积极向上的自信心态，即使遇到自己一时无法解决的困难，也会保持一种主动学习的精神，而这种内在的、自发的主动进取，往往会让我们把事情做得更好。

美国成功学院对 1000 名世界知名成功人士的研究结果表明，积极的心态决定了成功的 85%！对比一下身边的人和事，我们不难发现，很多自信的人工作起来都非常积极、有把握，并且取得了出色的工作业绩；而那些总认为“我不行”“做不了”“我就这水平了”的人，尽管有过多年的工作经历，但工作始终没有什么起色。

所以，在职业生涯中，必须充满自信。自信心是源自内心深处、让你不断超越自己的强大力量，它会让你产生毫无畏惧、战无不胜的感觉，这将使你工作起来更加积极。

自信飞扬，做职场冠军

在工作中，我们常会遇到这样的情况：挫折袭来，有的人始终不能产生足够的自信心，从而一蹶不振；有的人却能在焦虑和绝望后迅速产生强大的自信心，从而拼劲十足地实现目标。

其实，产生这种差异并不完全是由先天因素决定的，往往是因为前者平时不注重自信心的树立；后者却懂得经过长期的自我训练，增强自信心。

无论从事什么职业，自信都能给人以勇气，使你敢于战胜工作中的一切困难。工作上，谁都愿意自己出类拔萃，这就要求我们必须挑战人生，要挑战就必须以充满自信为前提，如果我们连自信心都没有，能做好什么事呢？

大家都知道毛遂自荐的故事，正因为毛遂有极强的自信心，所以才敢向平原君推荐自己，并最终出色地完成了任务。

美国思想家爱默生说："自信是煤，成功就是熊熊燃烧的烈火。"对于成功人士来说，自信心是必不可少的。据说，今日资本集团总裁徐新当初之所以选择投资网易，正是因为网易创始人丁磊的自信。

丁磊毕业于电子科技大学，毕业后被分配到宁波市电信局。这是一份稳定的工作，但丁磊无法接受那里的工作模式和评价标准，自信的他从电信局辞职："这是我第一次开除自己。有没有勇气迈出这一步，将是人生成败的一个分水岭。"

因为自信，丁磊在两年内三次跳槽，最终在 1997 年决定自立门户。后来，丁磊和徐新在广州一家狭小的办公室见面。徐新主动问他一些问题："网易在行业内的情况怎么样？"

"我们会是第一。"丁磊毫不犹豫地这么回答。客观上讲，1999 年初，网易刚向门户网站迈进，与新浪、搜狐相比，还只是一个刚刚崭露头角的小网站。

徐新当然知道当时的网易不是门户网的第一，但觉得丁磊很有上进心，而不是吹牛——是有实质的自信。"我觉得企业家有这种精神是很重要的，你有这么一个理想跟雄心去做行业排头兵。我投的就是你的这个自信。"

通过丁磊的经历，我们可以肯定地说：充分的自信是创立事业、成就价值的重要素质。

既然自信心如此重要，那么，我们要怎样做才能树立自信心呢？

首先，在平时的工作中要不断地学习，不断地提升自己。阿基米德说过:“给我一个支点和一根足够长的杠杆，我就能撬动整个地球。”有如此的自信，那是因为他深入掌握科学的原理。关羽之所以敢独自一人去东吴赴会，是因为他深知自己的本领……正所谓“有了金刚钻，才敢揽瓷器活”。

其次，要有一定的耐心和毅力。有些事情不是一朝一夕就能做好的，需要我们持之以恒地努力。要用长远的目光看待目前遇到的困境，相信我们有能力去解决它，相信自己，最后的成功必定是我们的。

最后，不要总想着自己的缺点，要时刻告诉自己“我是最棒的”“我是最优秀的”。每个人都有缺点，完美无缺的人是不存在的，对自身的缺点不要念念不忘。要知道，别人往往并不那么在意你的缺点。要相信自己，相信自己是最棒的、最优秀的。

定律三十八

青蛙法则：

居安思危，让你的职场永远精彩

【定律阐释】

青蛙法则，把一只青蛙放进冷水锅里，如果慢慢地加温，青蛙会随水温逐渐升高而被煮死。相反，如果把一只青蛙直接放进热水锅里，它便会立刻感觉到危险，并迅速跳出锅外。这个法则旨在提示人们要懂得居安思危。

生于忧患，死于安乐

19世纪末，美国康奈尔大学进行了一个有趣的实验：他们将一只青蛙扔进一个沸腾的大锅里，青蛙一接触到沸水，便立即触电般地跳到锅外，死里逃生。实验者又把这只青蛙丢进一个装满凉水的大锅，任其自由游动，然后用小火慢慢加热。随着温度慢慢升高，青蛙并没有跳出锅去，而是被活活煮死。

前面“青蛙未死于沸水而灭顶于温水”的结局，很是耐人寻味。若是锅中之蛙能时刻保持警觉，在水温刚热之时迅速跃出，也为时不晚，就不至于落得被煮死的结局。这就让我们想起了孟子曾说过的一句话：“生于忧患，死于安乐。”

一个人如果丧失了忧患意识，那么，就会像被水煮的青蛙一样，在麻木中“死亡”。所以，在从初涉职场到工作干练的渐变过程中，我们要保持清醒的头脑和敏锐的感知，对新变化做出快速的反应。不要贪图享受，安于现状，否则当你意识到环境已经使自己不得不有所行动的时候，你也许会发现，自己早已错过了行动的最佳时机，等待你的只是悲哀、遗憾和无法估计的损失。

漫漫职场路，我们都希望自己能一帆风顺，不希望遇到忧患与危机。但客观上讲，忧患与危机并不是什么可怕的魔鬼，当它们出现在我们面前时，往往能激发潜伏在我们生命深处的种种能力，并促使我们以非凡的意志做成平时不能做的大事。所以，与其在平庸中浑浑噩噩地生活，不如勇敢地承受外界的压力，过一种更有创造力的生活。

拿破仑在谈到他手下的一员大将马塞纳时曾说："平时，他的真面目是不会显现出来的，可当他在战场上看到遍地的伤兵和尸体时，那种潜伏在他体内的'狮性'就会在瞬间爆发，他打起仗来就会勇敢得像恶魔一样。"

再如拿破仑本人，如果年轻时没有经历过窘迫而绝望的生活，也就不可能造就他多谋刚毅的性格，他也就不会成为至今为人们所景仰的英雄人物。贫穷低微的出身、艰难困顿的生活、失望悲惨的境遇，不仅造就了拿破仑，还造就了历史上的许多伟人。例如，林肯若出生在一个富人家的庄园里，顺理成章地接受了大学教育，他也许永远不会成为美国总统，也永远不会成为历史上的伟人。正是有了那种与困境做斗争的经历，使他们的潜能得以完全爆发，从而发现自己的真正力量。而那些生活在安逸舒适中的人，他们往往不需要付出太多努力，也不需要个人奋斗就能达到目的，所以，潜伏在他们身上的能量就会被"遗忘"、"湮没"。

当今世界上，有许多人都把自己的成功归功于某种障碍或缺陷带来的困境。如果没有障碍或缺陷的刺激，也许他们只能挖掘出自己 20% 的才能，正因为有了这种强烈的刺激，他们另外 80% 的才能才得以发挥。

所以，身处今天快节奏、不断变幻的职场，我们要懂得居安思危。要知道，危机并不代表灭亡，而恰恰可能是一种契机。我们经由这些危机，往往会发现自己真正的价值所在，激发出深藏于心的巨大力量，从而使人生更加精彩。

在自危意识中前进

我们都知道，未来是不可预测的，人也不可能天天走好运。正因为这样，我们更要有危机意识，在心理上及实际行为上有所准备，以应付突如其来的变化。有了这种意识，或许不能让问题消弭，却可把损害降低，为自己打开生路。

常言道，一个国家如果没有危机意识，迟早会出问题；一个企业如果没有危机意识，迟早会垮掉；一个人如果没有危机意识，也肯定无法取得新的进步。

那么，我们具体该如何在竞争激烈的职场中提升自己的危机意识呢？下面，来看看闻名于世的波音公司的一个有趣做法。

波音公司以飞机制造闻名于世。为了提升员工的忧患意识，一次，公司别出心裁地摄制了一部模拟倒闭的电视片让员工观看：

在一个天空灰暗的日子，公司高高挂着“厂房出售”的招牌，扩音器传来“今天是波音公司时代的终结，波音公司关闭了最后一个车间”的通知，全体员工一个个垂头丧气地离开工厂……

这个电视片使员工受到了巨大震撼，强烈的危机感使员工们意识到：只有全身心投入生产和革新中，公司才能生存，否则，今天的模拟倒闭将成为明天无法避免的事实。

看完模拟电视片，员工们都以主人翁的姿态，努力工作，不断创新，使波音公司始终保持着强大的发展后劲。

事实上，波音公司的这种做法不仅对企业有深刻启示，对于行走职场的个人来说，同样具有一定的借鉴作用。

在工作中，我们也应该像波音公司的员工那样，时刻提醒自己：只有全身心投入生产和革新中，公司才能生存，我们才有机会发展，否则，终将难逃被淘汰的事实。

当今社会的快节奏和激烈的竞争，令很多人在35岁时遇到这样一个困惑：为什么多年来我一事无成？接下来的岁月我应该做些什么？在机会面前，许多人不敢贸然决定。因为他们从心理上理解了人生的有限，而自己也开始重新衡量事业和家庭生活的价值，于是产生了职业生涯危机。这就是著名的“35岁危机论”。

罗伯特先生35岁，自言感觉过去对工作、对自己的认识似乎有错误，而自己长期养成的行为习惯好像变成了事业的绊脚石。想改变自己，又不忍心否定过去；想改变生活方式，又担心选择的并不是最适合自己的。两年前，他终于下定决心放弃了某公司副经理的职位，参加MBA考试并重回校园深造。

现在，完成学业的罗伯特先生在找工作时却犯了难。罗伯特先生业已投出上百份简历，但有回音者寥寥无几。罗伯特先生说，自己并不要求高起点的薪金，而只要求一个管理类的工作职位。然而他发现，“社会上已经人满为患”。

罗伯特先生曾读过一篇题目为《35岁，你还会换工作吗》的文章，文中专家说：“社会对35岁以上的求职者提出了较高的要求，必须通过不断学习和更新知识，提高自身竞争力。”对此罗伯特先生很纳闷：我正是为了完善自己才去学习，为什么反而让社会把自己挤了出去呢？

其实，像罗伯特先生这种工作以后又重返课堂充电，充电后再找工作重新迎接社会的挑战，已不仅仅是35岁的人才会面临的境况。有人甚至感叹：“不充电是等死，怎么充了电变成找死啦？”

最关键的一点是：我们要明白，人生的经历是积累的，不要以为学习充电后就无须面临社会“物竞天择，适者生存”的自然选择。以前的经历是你的宝贵财富，但这并不能让你在职场上永操胜券。千万不要有一劳永逸的期待，要时刻保持危机意识，告诉自己“一定要快跑，不够优秀在什么时候都会被淘汰”。

定律三十九

反馈效应：你的沉默，会让老板很不安

【定律阐释】

反馈，原来是物理学中的一个概念，指把放大器的输出电路中的一部分能量送回输入电路中，以增强或减弱输入讯号的效应。心理学借用这一概念，以说明学习者对自己学习结果的了解，工作者对自己工作结果的了解，而这种对结果的了解又起到了强化作用，促进了学习者更加努力学习，工作者更加努力工作的心理现象，即“反馈效应”。

有反馈才有动力

心理学家 C.C. 罗西与 L.K. 亨利曾经做过一个心理实验。他们随机在一所学校里抽出一个班，把这个班的学生分为三组，每天学习后就对他们进行测验。第一组学生每天都告诉他们测验的成绩，第二组学生每周告诉他们一次测验的成绩，第三组学生则从来不告诉他们测验的成绩。8 周后，改变做法。第一组的待遇与第三组的待遇对换，第二组待遇不变。这样又过了 8 周以后，结果发现第二组的成绩保持常态，依然是稳步地前进，而第一组与第三组的情况发生了极大的转变：第一组的学习成绩逐步下降，第三组的成绩突然上升。这个结果说明及时告知学生的学习成果有助于促进学生取得更好的成绩。反馈比不反馈要好得多，而即时反馈又比远时反馈效果更好。

心理学家赫洛克也做过一个类似的实验。他把被试者分成四个组，分别为激励组、受训组、被忽视组和控制组。第一组每次完成任务后，都会给予鼓励和表扬。第二组每次完成任务后，都要接受严厉的批评和训斥。第三组每次完成任务后，不给予任何评价，只让其静静地听其他两组受表扬和挨批评。第四组不仅每次完成任务后不给予任何评价，而且还把它与其他三组隔离开。实验结果发现，第一组和第二组的成绩明显优于第三组、第四组，而第四组的成绩是其中最差的，第二组的成绩有所波动。这个结果表明，及时对工作的结果进行评价，能强化工作动机，增强工作动力，对工作起到促进作用。有反馈就会有动力，激励的反馈又比批评的反馈效果好得多。

后来，心理学家布朗又做了一个更深入的实验。他以小学高年级学生作为自己的实验对象，把他们分成两组来做算术练习。这两组学生的演算能力均等，所做的练习题目也完全一样。第一组学生做完后，由老师来对他们的答案进行评定改正。而第二组学生做完后，他们的答案则由他们自己来加以改正，并把改正之后每天的正确数和错误数分列成表，以了解自己的进步情况。一个学期之后，两个小组同时接受测验。结果发现，后者的成绩比前者优异很多。这个实验表明，反馈主体与反馈方式的不同，效果也会有所不同。主动自我反馈比被动接受反馈效果好得多。

这一系列心理实验表明：反馈比不反馈好得多，积极的反馈比消极的反馈好得多，主动反馈比被动接受反馈效果好得多。所以，平时我们要对别人的行为、活动给予及时的反馈，这样不仅有助于他人更好地完成工作，也有助于自己获取更多的信息。同时，我们也要对自己的工作、学习进行及时的自我反馈，这样才能更好地进步，取得更好的成绩。

有反馈才有动力，有反馈才能发现问题，有反馈才能进步，有反馈才能加深了解。对于领导布置的任务，要及时地给予反馈，更要主动地进行反馈，这样领导才会及时地知道你的工作进度和工作能力，对你产生信任和给予支持。所以，平时要养成主动向领导汇报工作的习惯。

要学会与领导互动

在职场上，尊重领导、听领导的话，是非常必要的。但是一味地只知道听领导的话，而不懂得及时地给予领导反馈，就不会成为领导眼中的好员工。一个真正的好员工，要懂得听领导的话，更要懂得与领导形成互动。积极主动的员工，不仅能更好地完成自己的任务，还会增进领导对你的信任和好感。

领导“日理万机”，需要考虑的事情太多，百密难免会有一疏。如果员工能做到经常主动向领导汇报工作进度，这样既能提醒领导，又能获得及时的信息，促进自己更好更快地完成工作，也帮助领导省了不少心。会替领导想的员工才是领导眼中的好员工。定期主动向领导汇报工作进度，让领导看到你的努力和能力，使领导对你放心。有时候，工作方案制定得不太科学或有些问题，如果你定期主动向领导汇报工作进度，那么领导就会及时发现问题，以调整工作方案和你的工作内容，这样就避免了做无用功。总之，对于领导布置的任务，不能只是听从和等待领导来问，而要主动地向领导汇报，向领导说出你需要的帮助和遇到的困难，向领导反映工作中出现的问题和提出更好的方案。

如果你总是沉默，领导会很不安。交给你的任务，领导需要知道你的进度，这样才好给你安排其他的工作，或者进行下一步的规划，给别人分配任务。公司里员工的分工都很明确，你的工作任务一般与其他人的工作都是环环相扣的，只有明确地知道你的进度，才不会影响公司的整体运作。不要总是等着领导来问你：“某某工作做得怎么样了？明天下午能不能完成？”这样领导心里会很不高兴，并认为你工作不积极、不是个能担当大任的员工。而如果反过来，你不等他来问，主动向他汇报你的工作进度和自己对工作的想法、看法以及意见，那他会很欣慰，认为自己招到了一个很能干很聪明的职员。主动性往往代表着积极性和努力程度，所以在工作中一定要表现得主动一些。主动一些不会吃亏，而过于被动才会使自己陷入更被动的局面。你有困难一直不说，自己扛着，到最后仍然完不成任务，自己累得够呛还给公司造成了损失，这个时候领导会把责任都归咎到你的沉默上，你再委屈也无处诉苦。所以，有什么事就及时与领导沟通，这样你的工作会进行得更顺利，与领导的关系也会更亲密，有问题也找不到你身上。何乐而不为呢？

丁小莫在毕业后找到了自己的第一份工作，决定要好好表现一下，决不让领导失望。他的工作经验尚浅，对于很多任务还无法胜任。可他自己从来没表现出有困难的样子，无论领导交给他什么样的工作，他都咬着牙关把它给完成了。可没想到，领导交给他的任务量越来越大，工作难度越来越高。他有点儿撑不住了，越来越不能让领导称心，领导对此很不满意，经常批评指责他。他心想：我一直任劳任怨，为什么还要刁难我？可他又想自己是新来的，忍了吧。于是，又硬着头皮去做如山的工作。终于，丁小莫生病了，高烧39度，但他还是硬挺着到了公司，因为那天有个重要的会是由他负责的。可头实在是太疼了，他一点儿也坚持不住了，就趴在桌子上睡着了。结果，他这一睡使公司失信于一个大客户，给公司造成了不可挽回的巨大损失。领导气坏了，直接找到他一顿臭骂，丁小莫再也受不住了，就把自己的委屈统统吼给了领导。领导听了不但不同情他，反而更加气愤地说："你为什么不早跟我说？我一直等着你来找我，谈你的工作情况，没想到你一直什么也不说，让我以为你有更大的潜力可挖，可以完成更高难度的工作。现在，你生病了，完全可以打个电话请假，我好安排其他人来接替你的工作，这样就不会发生今天的事情了！"

可见，硬撑不是英雄，如果你耽误了工作，谁也不会为你求情。所以，以后工作中有任何问题都要记得及时向领导汇报，有互动才能更好地完成工作。

定律四十

拆屋效应：

不要拒绝自以为不可能完成的任务

【定律阐释】

拆屋效应，是指先提出一个很大的要求，然后再不断降低要求以被他人接受的现象。应用到职场上，就是不要拒绝领导所提出的“重任”，因为这有可能是你飞黄腾达的机会。

困难面前，勇于挑战

拆屋效应的由来，与鲁迅先生的一篇文章有关。1927年，鲁迅先生作了篇名为《无声的中国》的文章，其中有段话写道：“中国人的性情，总是喜欢调和、折中的，譬如你说，这屋子太暗，说在这里开一个天窗，大家一定是不允许的，但如果你主张拆掉屋顶，他们就会来调和，愿意开天窗了。”因此，这种为了使较小或较少的要求得以满足而先提出较大或较多要求的现象，在心理学上就被称为“拆屋效应”。

其实不光中国人这样，这也是人类的共性。人们在面临不希望发生的事时，会不自觉地启动两种心理机制，一种是设法采取一些措施避免事情的发生；另一种是调整内在的心理矛盾，准备接纳这一不可改变的事实。如果在心理调整进入平衡状态时，出现了一个新的选择，而这个选择又正好与内在平衡状态相近时，就很容易被内化接纳。

在难题面前，人们往往会退而求其次。对于不能完成的任务，很少人会愿意去接受，而且很多困难，容易在人的心理上被放大。人们在听到比较困难的问题或被人提出难以接受的要求时，一般都会先拒绝。但是如果别人降低问题的难度或要求时，人们就会犹豫。如果再次降低，人们一般就会答应了。一方面是不好意思再拒绝，另一方面是感觉这问题与要求自己也能解决或满足。

在工作中，人们也常常会有这种心理。当老板布置难度比较大的任务时，一般大家都会打退堂鼓。“难度那么大，很难完成的，根本就是费力不讨好的苦差。”大多数员工都会这么想。而如果老板把工作的难度降低一些，就会有人接受了。但是，虽然现在的老板大多都听过这个效应，明白这个道理。相比之下，他们还是会更加欣赏那些敢于接受难题，敢于挑战自我的员工。

何楠刚进公司不久，对工作时刻保持着极大的热情，而且还任劳任怨。她的工作态度得到了公司上下的肯定。这一年，欧洲总部的领导要来公司视察，于是公司高层决定重新装修办公室。何楠正好负责协助策划这个装修方案。由于以前在小公司里负责过装修事宜，所以她提出了一个又省钱又可行的方案，领导很满意。但是要真正实施起来，却不像纸上写的那么简单。要为公司省钱，就不得不节省各个员工的办公空间，这肯定会得罪不少人，而且要在不影响公司各项工作的前提下来完成装修任务，这简直是不可能的。即使完成了，也是出力不讨好。所以，同事们都用各种理由搪塞过去了。只有何楠，当经理问她愿不愿意接受这个任务时，她一口就答应了。别的同事都笑她傻，说她真是年少无知、天真烂漫。装修项目开始实施了，与各部门协调时的确碰到了很多麻烦，也听到了很多抱怨，但是最终何楠还是成功地完成了任务。本来经理布置这个任务的时候，也没抱太大的希望，没想到何楠竟如此漂亮地完成了，于是他立马对何楠刮目相看。没多久，就升了何楠的职。其他同事们再也不敢小瞧何楠了。总经理也开始关注这个有胆有识的新人，决定好好栽培以备后用。

只因为接受和完成了一个别人看起来不可能完成的任务，就使何楠的职场生活发生了如此大的变化。所以说，有些时候要敢于挑战困难。

当领导分配下来特别难以完成的任务时，他可能已经利用了“拆屋效应”，他的要求看起来很高，可心理期望值并不高，这样的任务其实才是责任风险很小的任务。你这时敢于接受这个任务，已经让领导对你产生好感，认为你是有胆量的人。而如果你只知道一味退缩，那么领导和同事都会觉得你是个怯懦不敢担当的人。如果你接受了这个难以完成的任务，即使到最后真的没有完成，领导也不会太苛责你，因为他在下达任务时已经有了心理准备。如果你有幸完成了，那么你肯定会获得领导的信任和器重。

在职场上，要想比别人职位高，要想比别人升得快，就得敢于挑战别人不敢碰的“烫手山芋”。狭路相逢勇者胜，这是亘古不变的真理。所以，当领导分配下来看似无法完成的任务时，你要敢于接受，但说话时也应注意分寸，不要说得过于肯定。要这样说：“这个工作对我来说有点儿难度，不过我会尽全力的。”这样即使你不能完成，领导也不好说什么。当任务执行过程中，一旦发现以自己目前的能力实在是无法完成，就要及时与领导沟通，让领导知道你的情况，以便调整工作要求或更改执行方案。这样既不影响工作进度，也不会给公司造成损失，而且还能锻炼自己的工作能力。

勇于担当的人最受欢迎

职场潜规则：公司将你招进来不是为了摆设，不是为了凑数，而是为了解决问题，尤其在关键时候更需要你勇于担当。无数事实证明，勇于担当的人更容易在职场获得成功。

面对工作中的任务，无论大小、难易，在公司需要的时候如果你能够挺身而出，那么每一个任务都可能成为你脱颖而出的机会。

不要在心里说：反正不是我的事，再说了还有别人，我干嘛出头，做吃力不讨好的事。不要以为自己现在还处于公司最底层就人微言轻，就不敢去做，犹豫徘徊。任务面前每个人都是英雄。如果你能够发扬舍我其谁、勇于担当的主人翁精神，那么你很快就能够脱颖而出，为自己赢得发展的机遇。在这里，古人毛遂为我们树立了一个很好的榜样。

战国时期，一次秦国攻打赵国，把赵国的都城邯郸围困起来。在这危急关头，赵王决定派自己的弟弟平原君赵胜，代替自己到楚国去，请求楚国出兵抗秦，并和楚国签订联合抗秦的盟约。

到了楚国，平原君献上礼物，和楚王商谈出兵抗秦的事。可是谈了一天，楚王还是犹豫不决，没有答应。这时，站在台下的毛遂手按剑柄，快步登上会谈的大殿，对平原君说："两国联合抗秦的事，道理是十分清楚的。为什么从日出谈到日落，还没有个结果呢？"

楚王听了毛遂的话很不高兴，就斥责他退下去。毛遂不但不害怕，反而威严地走近楚王，大声地说："你们楚国是个大国，理应称霸天下，可是在秦军面前，你们竟胆小如鼠。想从前，秦军的兵马曾攻占你们的都城，并且烧掉了你们的祖坟。这奇耻大辱，连我们赵国人都感到羞耻，难道大王您忘了吗？再说，楚国和赵国联合抗秦，也不只是为了赵国。我们赵国灭亡了，楚国还能长久吗？"

毛遂这一番话义正词严，楚王点头称是，于是就签订了联合抗秦的盟约，并出兵解救赵国。平原君回到赵国后，把毛遂尊为宾客，并且很重用他。

同样，在公司发展的关键时刻，你也一定要像毛遂那样敢于挺身而出，该出手时就出手，为老板分担风险，帮助老板渡过难关。公司经营难免会遇到一些始料不及的问题，这时如果你能够主动担起责任，为公司解决难题，你将赢得其他同事的尊敬，更能得到老板的信任和器重。

罗萍是一家连锁餐饮集团公司的普通营业员，因为平时工作表现好，曾多次被评为最佳店员。有一次，这家连锁店里突然发生了一起意外事件，一位食客在进餐时突然倒地，四肢抽搐，口吐白沫，众人一时纷纷怀疑是食品中毒，甚至有人拿出电话通知报社和电视台。在这关键时刻，罗萍镇定自若，一面指挥其他店员打急救电话，一面竭力安抚顾客，保证不是食物中毒。她告诉大家，食物绝对没有毒，并冒险当场吃下很多饭菜。为了防止谣言扩散，她还请求大家等待急救车的到来，由医生评判。

不久，急救车过来了，经验丰富的医生告诉大家，“中毒”的顾客实际上是典型的“羊角风”发作，不过凑巧赶在进餐时罢了，大家尽可放心。一场危机就这样过去了。

由于罗萍勇敢而机智地避免了一场危机的上演，受到公司领导的高度赞扬，不久，她就被升为店长。

一个年轻人要想成功，在关键时刻必须要像罗萍那样能够挺身而出，这样才能抓住发展的机遇。勇于担当可以让一个职务低微、毫无背景的员工成为老板眼中的“重磅人物”。

职场中每个任务都是一次机遇。如果你能够认清自己的使命，勇于负责，在公司和老板需要的时候挺身而出，承担起重任，那么随着工作中一个个任务的完成，你也必定能够一步步地接近成功。

定律四十一

破窗效应：

千里之堤，溃于蚁穴

【定律阐释】

如果有人打破了建筑物的窗户玻璃，而这扇窗户又得不到及时的维修，别人就可能受到暗示性的纵容去打碎更多的玻璃。久而久之，这些破窗户就给人造成一种无序的感觉。那么，在这种麻木不仁的氛围中，犯罪就会滋生、蔓延。

从“小奸小恶”谈企业管理

环境具有强烈的暗示性和诱导性，不要轻易去打破任何一扇窗户，一旦一个缺口被打开，即使看上去微不足道，如果不及时制止，其恶劣影响就会滋生、蔓延，这就是所谓的破窗效应。

事实上，这一效应在企业管理中具有重要的借鉴意义。对待企业中随时可能发生的一些“小奸小恶”的态度，特别是对于触犯企业核心价值观念的一些“小奸小恶”的处理态度，是非常重要的。

美国有一家以极少炒员工著称的公司。

一天，资深车工杰瑞为了赶在中午休息之前完成2/3的零件，在切割台上工作了一会儿之后，就把切割刀前的防护挡板卸下来放在一旁，没有防护挡板收取加工零件会更方便、更快捷一点儿。大约过了一个多小时，杰瑞的举动被无意间走进车间巡视的主管逮了个正着。主管大发雷霆，除了监督杰瑞立即将防护板装上之外，还站在那里大声训斥了半天，并声称要作废杰瑞一整天的工作量。到此，杰瑞以为此事结束了，没想到，第二天一上班，便有人通知杰瑞去见老板。在杰瑞受过好多次鼓励和表彰的总裁室里，杰瑞接到了要将他辞退的处罚通知。总裁说："身为老员工，你应该比任何人都明白安全对于公司意味着什么。你今天少完成几个零件，少实现利润，公司可以换个人换个时间把它们补回来，可你一旦发生事故失去健康乃至生命，那是公司永远都补偿不起的……"

离开公司那天，杰瑞流泪了，工作的几年间，杰瑞有过风光，也有过不尽如人意的地方，但公司从没有人对他说不。可这一次不同，杰瑞知道，他这次碰到的是公司的底线。

此外，"破窗理论"还有一种比较直观的体现。在日本，有一种被称作"红牌作战"的质量管理活动：第一，清理。清楚地区分要与不要的东西，找出需要改善的事物。第二，整顿。将不要的东西贴上"红牌"。"红牌作战"的目的是，借助这一活动，让工作场所整齐清洁，塑造舒适的工作环境，久而久之，大家都遵守规则，认真工作。许多人认为，这样做太简单，芝麻小事，没什么意义。但是，一个企业产品质量是否有保障的一个重要标志，就是生产现场是否整洁。

作为一位出色的管理者，我们应当认识到破窗理论在企业中的重要作用。

对员工中发生的"小奸小恶"行为，要给予充分的重视，加重处罚力度，严肃公司法纪，这样才能防止有人效仿这种行为，积重难返。特别是对违犯公司核心理念的行为要严肃查处，绝不姑息养奸。

要鼓励、奖励"补窗"行为。不以"破窗"为理由而同流合污，反以"补窗"为善举而亡羊补牢，这体现了员工高尚的道德情操和自觉的成本意识。公司要提倡这种善举，通过表扬、奖励措施使之发扬光大。

自己要以身作则，不做"破窗"的第一人。自觉遵守公司规章制度，按程序办事，不做"旁路"程序的事。因为工作程序的制定一般都反映了对员工的约束机制，考虑了成本效益因素。违反程序，其结果往往是造成无序，破坏约束机制，增加成本，有害于公司，也有害于自己。

养成工作遵守程序的习惯，并使其成为个人的道德水平的体现。同时，不以“别人不按程序，我为什么不能”为理由放纵自己，而是坚定立场，反对违反公司规定，浪费公司资源、社会资源的行为。

危机时代，要学会“预防性管理”

美国学者菲特普曾对财富500强的高层人士进行过一次调查，高达80%的被访者认为，现代企业不可避免地要面临危机，就如人不可避免地要面临死亡，14%的人则承认自己曾面临严重危机的考验。

一般说来，企业危机是指在企业内部矛盾、企业与社会环境的矛盾激化后，企业已不能按照原来的轨道继续运行下去的紧急状态，表现为失控、失范和无序。

如今，日益激烈的竞争，充满变数的非直线性发展的外部力量的变化，彻底打破了经验主义者理想的思维方式，如果仅仅依靠并沿袭往日成功的经验来经营企业，将会在不知不觉中铸成危机。局部的、组织的甚或个人的行为，均可能演化为企业的威胁。危机一旦降临，企业可能面临的主要后果有：利润降低；市场份额减少，失去市场甚至导致破产；商业信誉被破坏，形象、声誉严重受损等。

在实际工作中，有一种叫“预防性管理”的思想，认为要想避免管理中不想要的结果出现，就要在事情发生前，采取一些具体的行动。所以，当危机即将来到时，在还未出现“破窗”现象时，我们就要首先做好预防准备。以下两点可以作为我们的参考：

第一，树立危机意识。从主观上来看，没有人希望危机出现，俗话说“天有不测风云，人有旦夕祸福”。无论是天灾还是人祸，危机都有可能发生。尽管天灾无法避免，但如有应急措施，可将损失降到最低限度或限制在最小范围；而人祸是可以避免的，关键取决于企业管理者是否重视对人祸的预防，是否有较强的危机意识。所谓树立危机意识，就是在危机发生前，对危机的普遍性有足够的认识，面对危机临危不惧，积极主动地迎战危机，充分发挥人的主动性和创造性。

第二，做好危机的预控。危机预控是在对危机进行识别、分析和评价之后，在危机产生之前，运用科学有效的理论及方法，来防止危机损失的产生、增加收益的经济活动。企业可采取回避、分散、抑制、转嫁等有效措施的有机结合，通过互相配合、互相补充，达到预防和控制危机的目的，在自我发展的同时稳定整个社会的经济秩序。

中国有句古话，“人无远虑，必有近忧”，作为企业更当如此。既然有些“破窗”不可避免，企业就应时时绷紧“破窗”这根弦。只有未雨绸缪防范“破窗”，才能修补“破窗”于旦夕之间。平时多一些“破窗”意识，多制定几套对付各种可能出现的“破窗”之策略，“破窗”来临时就会镇定从容得多，相对于没有“破窗”意识和未制定“破窗”策略的企业而言，本身就已经为自己赢得了时间差。

定律四十二

雷尼尔效应：

用"心"留人，胜过用"薪"留人

【定律阐释】

现代企业中，倾向于以亲和的文化氛围吸引和留住人才，即管理应以人为本，知道员工的真正需求，才能留住人才。

温情，留住员工的强大力量

位于美国西雅图的华盛顿大学计划在校园的华盛顿湖畔修建一座体育馆，但引起了教授们的强烈反对。因为体育馆一旦建成，恰好挡住了从教工餐厅窗户可以欣赏到的美丽湖光。与当时美国的平均工资水平相比，华盛顿大学教授们的工资要低20%左右。而他们在没有流动障碍的前提下自愿接受这么低的工资，完全是出于留恋那里的湖光山色：西雅图位于太平洋沿岸，华盛顿湖等大小水域星罗棋布，晴天时可看到美洲最高的雪山之一——雷尼尔山峰。他们为了美好的景色而牺牲获得更高收入的机会，这被华盛顿大学经济系的教授们戏称为"雷尼尔效应"。于是，体育馆不建了。

通过前面的例子我们发现，华盛顿大学教授的工资，80%是以货币形式支付，20%是由良好的自然环境补偿的。如果因为修建体育馆而破坏了这种景观，就意味着工资降低了20%，教授们很容易流向其他大学。可见，知道员工的真正需求，才能留住人才，这就是著名的雷尼尔效应。

当今，企业的竞争主要是人才的竞争。企业是否能够吸引和留住人才，成为一个企业成败的关键。美丽的西雅图风光可以留住华盛顿大学的教授们，同样的道理，企业也可以用温情来吸引和留住人才。

《亚洲华尔街日报》《远东经济评论》曾联手对亚洲10个国家和地区的355家公司进行了调研，涉及26种产品、9.2万名员工，最终评选出前20名最出色的雇主。根据这项调查，员工心目中的"好公司"与公司资产规模、股价高低并没有直接的联系，虽说入选的20家上榜公司各有各的绝招，但它们都具备一个共同特征——带着浓浓的人情味。

小何大学毕业后到一家大型企业工作。工作前三年，公司效益非常好，每个月小何总会有一笔不菲的工资和奖金。在外人眼里，这一切已经很不错了，他也很知足。然而，由于他和同事大都是大学刚毕业的年轻人，随着时间的推移，按部就班的工作节奏使他们变得懒散，总觉得工作缺少激情。所以，他们都想跳槽换个环境。

不料，就在他们决定跳槽的时候，公司由于在一个重大项目上的决策失误，损失惨重，多年来公司创造的辉煌一夜之间化为乌有，面临破产的困境。平时公司的经理带领他们创业，对这些年轻人也格外照顾。在公司处于困境的时候选择跳槽，他们很是过意不去，但是长期在公司待下去不会有太大的发展前途。权衡再三，他们还是决定离开，另谋高就。就这样，几个年轻人写好了辞职报告，准备去找经理谈话。

盛夏时节酷暑难耐，为了节约用电，公司老总把自己办公室空调的温度从23℃提高到24℃。为此，经理特意在门口贴了一张小字条："关键时刻，让我们从点滴做起。尽管公司处于困境，但困难只是暂时的，如同乌云遮不住太阳。为了节省1度的电量，你们进入我的办公室时，可以随便减去一件衣服。"

在这个以严格的等级制度管人的公司，没有人可以在进入经理办公室之前随随便便脱去西装。尽管经理贴出了小字条，可是没有人在进入他的办公室之前减衣服。时间长了，经理发现了这一点，立即从自己做起，自己先减去一件衣服，穿着随便些，让来汇报工作的员工放松心情，自然一些。那天他们走到经理办公室，看到小字条，没敢脱衣服，但心微微地震动一下。走进办公室，他们发现经理穿着很随便，而且他们观察到经理室的空调温度比往常高了 1℃。经理让他们脱去外套，有什么想法慢慢汇报。先前想好的理由顷刻间化为乌有，最后他们都红着脸退了出去。

此后，他们的心长久地被那 1℃温暖着，尽管那 1℃对一个员工上百的企业算不了什么，但是他们从那微不足道的 1℃中看出了一种温暖、一种精神。几个月过去了，始终没有人提辞职的事情。后来那家公司走出了困境，企业的发展蒸蒸日上。有人说企业的成功与 1℃有关。

很难相信，一个企业的兴衰与小小的 1℃息息相关，但那是最温情的 1℃。正是这微小的 1℃孕育了一种强大的力量，唤醒了埋在人性深处的一种温情，将个体的命运与集体的命运紧紧地连在一起，形成一种温情的团队精神，战胜了看似很大的困难。

为人处世，一个人需要这样的 1℃；营生立业，一个企业更需要这样的 1℃。这种温情，正是企业得以留住员工的“西雅图风光”。

人性管理，收获人心

“雷尼尔效应”对企业吸引和留住人才具有重要的借鉴意义：只有展示出你的人情味，才能做到人心所向，才能真正地留住员工的心。换而言之，人情味乃是吸引和留住人才的重要原因。

当你能很人性化地对待员工时，他们获得的激励感受是物质奖励远远不能达到的。同时，你也会发现，越是在一个看似严峻复杂的时刻，一句最朴实的实话越可能带来出乎意料的好效果。

美国四大连锁店之一的华尔连锁店在总结其成功的秘诀时，把它概括成一句话，那就是：“我们关怀我们的员工。”

在深圳一家企业里，精明能干的老板总会询问员工有无工作上的困难，为员工送上温暖、关怀的话语，休息时间叫来下午茶，和大家一起讨论《第五项修炼》《追求卓越》中的经典章节。每逢周末，老板还会请大家参加一些健身、娱乐活动，尽量放松工作中紧张的情绪。

人是企业中最珍贵的资源，也是最不稳定的资源。当他们心情不好、对领导不满意、对同事不顺眼、对薪酬不满、对政策怀疑、对制度反感、生活上存在问题和困难时，就会意志消沉或心不在焉，直接影响到企业目标的实现。当你真心、真情地关怀员工，把爱心注入与员工的沟通中，你就会发现，员工会把劳动作为享受自己幸福生活的手段之一，把企业作为实现幸福生活的场所。

人情化管理其实也是公司激励员工的方式之一。说到激励，首先是要鼓励员工参与企业的管理。美国有个州的农业保险公司以善于留住人才而著称。他们用一个简单的方法来实现员工认同的“个性化奖励”。经理人员要求每个员工完成一份自己的“喜好列单”——列举他们喜欢做的事和喜欢的东西，比如最爱吃的冰淇淋、颜色、花、电影明星、饭店、度假区、业余爱好、娱乐等。当经理人员想要奖励有优秀表现的员工时，查阅一下他的“喜好列单”，就可以马上“度身定做”这个员工的奖励。

人不仅仅是“经济人”，还是“社会人”，人通过组织获得的力量必然大于人本身的力量，员工对组织的参与越深，就越能认同组织理念和文化，就越能体现员工在组织中的存在价值，从而达到个人目标服从组织目标的目的。

总之，企业的发展靠的是人才。对企业管理者而言，不要吝啬向员工展示你的真诚、关爱和私人交情。

定律四十三

奥格威法则：

善用强人，成就伟业

【定律阐释】

该法则由美国奥格威·马瑟公司总裁奥格威在强调人才的重要性时提出：如果公司里每个人都敢于用比自己能力更强的人，那么这个公司将会成为一家巨人公司。

敢于用比自己强的人

一个好的领导者，要有专业的管理知识，要有良好的文化素养，但更要有广阔的胸襟和用人的智慧。敢于用比自己能力强的人，才能让自己的团队越来越强，事业越做越大。

西汉的开国皇帝刘邦，出身于市井混混，正如他自己所言："运筹帷幄之中，决胜千里之外，吾不如子房。镇国家，抚百姓，给馈饷而不绝粮道，吾不如萧何。连百万之军，战必胜，攻必取，吾不如韩信。"但就是这样一个"不才之人"却打败了楚霸王项羽，统一了天下，开创了千秋霸业。他之所以能有如此成就，也如他所言"此三人者，皆人杰也，吾能用之，此吾所以取天下也"。刘邦的角色是个领导者，对他最大的要求就是要善于用人，把各种人才放在他们适合的位置上，更重要的是要懂得欣赏人才，不妒才，敢于用比自己能力强的人。从这方面来说，刘邦是个很好的领导者，他之所以能得天下，也正是由于他能驾驭能人为其所用；而他的对手项羽，虽有万夫不当之勇，地动山摇之慨，但终因心胸狭窄，容不得比自己强的人，而无颜见江东父老。

一个人能做一个好的领导，能干一番大的事业，不在于自身的能力有多强，而在于能否吸引和接受比自己强的人为自己工作。

在一次董事会上，奥格威在每位与会者的桌上都放了一个玩具娃娃，并让大家打开看看。董事们不明所以，纷纷带着疑惑打开了放在跟前的娃娃，结果发现里面是一个同类型的更小的娃娃，再打开一看，又是个同类型更小的娃娃，原来奥格威放在大家面前的是一个个的套娃。当他们打开最后一层的时候，发现了一张字条，上面写着这样一句话：你要是永远都只任用比自己水平低的人，那么我们的公司就会沦为侏儒；你要是敢于启用比自己水平高的人，我们就会成长为巨人公司！原来，奥格威是在用这种方式来指导和教育自己的部下。前半句话与从大娃娃到中娃娃再到小娃娃的次序吻合，后半句话与从小娃娃到中娃娃再到大娃娃的次序吻合，这些聪明的董事一看就明白了。这件事给每位董事留下很深的印象，在以后的岁月里，他们都尽力任用有专长的人才。

这是个很有教育意义的故事，也是个充满智慧的说教，同时也是奥格威法则的由来。

所谓奥格威法则，其核心就是要知人善用。知人善用，有两层意思，一是要知道这个人的专长，然后把他放在合适的位置让他发光放亮，尽显专长；另一层意思是知道某人的某些能力比自己强，敢于让他担当重任，信任他，不妒才。

也就是说，作为一个领导者，最要紧的不是各种专业技能，而是胸怀！要善于选择人、任用人，来补齐自己的短处，形成一个团体。即便一个才智出众的人，也无法能胜任所有的事情，所以唯有知人善任的领导者，才可完成超过自己能力的伟大事业。在当今这个知识经济的时代，领导者更需要有敢于和善于使用比自己强的人的胆量和能力。只有这样，他的事业才会蒸蒸日上。

21 世纪最重要的就是人才

现在什么最贵？人才！在竞争如此激烈的时代，一个公司要想立足于世界经济之林，靠的是什么？就是人才。有了人才，什么都会有；没了人才，什么都没了。

美国的钢铁大王卡耐基曾经说过："即使将我所有的工厂、设备、市场和资金全部夺去，但只要保留我的技术人员和组织人员，四年之后，我将仍然是'钢铁大王'。"这就说明了人才的重要性。卡耐基之所以能成为钢铁大王，与他知人善任、重视人才是分不开的。他本人对于冶金技术是一窍不通，但他总能找到精通冶金工业技术、擅长发明创造的人才为他服务。比如，世界知名的炼钢工程专家之一比利·琼斯，就终日在位于匹兹堡的卡耐基钢铁公司里埋头苦干。在卡耐基的墓碑上赫然地刻着："一位知道选用比他本人能力更强的人来为他工作的人安息在这里。"对于这样的评价，卡耐基可谓是实至名归。

北京某著名品牌电脑厂商的老总也曾说过："现在我们跟其他对手竞争，表面上看是比产品，实际上是在比同一岗位上人的素质。从渠道到销售，从高到低各个环节，就看我们各个职位上的那个人是否能胜过对手厂商各个职位上的人。我这个老总把销售理念分析得再清楚，讲得再明白，如果不能落实到我们在各地的销售人员的行动上，那能起多少作用呢？"这位老总说出了很多领导者的心声。他们知道，当今时代最重要的就是人才，企业、公司拼的也是人才。没有人才，拿什么和人家竞争。什么事都是人做的，能力强的人往往能在最短的时间内很好地完成任务，而能力弱的人不仅要花更多的时间，而且说不定还完不成任务。所以，一个公司要想发展壮大，就必须要雇佣尽可能多的人才。

人才是一种动力，是企业、公司不断向前发展的动力。动力有多大，企业、公司就会跑多快。像《三国演义》中的刘备就深知其理，他桃园三结义得到关羽、张飞，以义理感动赵云，三顾茅庐请出诸葛亮。他名下本无一寸土地，但是正因为有了这些将帅之才，终于雄霸一方。而当时财大气粗、兵多将广的袁绍却因为不识人才的重要性，最终不仅丢光了领地，连性命也输了去。这就是识才与不识才的区别。一个知人善任的领导，即使起初一无所有，只要他有了人才，就会很快创造出奇迹。

好的产品、好的硬件设施、雄厚的财力，自然是一个公司不可或缺的资源，但真正支撑这个公司的支柱还是人才。因为一个公司光有财、物，并不能带来任何新的变化，只有具有大批的优秀人才才会有发展的潜力，因此人才是一个公司最重要、最根本的资源。如果想要使公司充满生机活力，就必须选贤任能，聘请一流人才，敢于用比自己能力强的人。一流的人才才能造就一流的公司，懂得这个道理的领导，才会是个好领导。领导不一定什么都懂，但一定要懂得用人，有容得下人才的胸襟，这样他的事业才能做大做强。

定律四十四

苛希纳定律：

用人之妙不在多，而在精

【定律阐释】

在管理中，不是管理人员越多就会管理得越好。相反，管理人员多不仅浪费公司成本，而且会影响工作效率。因此，要想获得有效的管理，最重要的是要找到最合适的人，以一当十。

人多未必力量大

中国有句老话：“柴多火焰高，人多力量大。”很多时候，我们做事情都讲人多，总是喜欢多人合作。当然，众人合作并不是不好。

但是，从管理学角度看，在一个机构中，人员过多却不是什么好事。特别是管理人员过多的话，不仅浪费时间而且浪费成本。

在《隋书·杨尚希传》中有这么一段话：“当今郡县，倍多于古。或地无百里，数县并置；或户不满千,二郡分领；具僚以众，资费日多；吏卒又倍，租调岁减；精干良才，百分无二……所谓民少官多，十羊九牧。”我们的祖先，在很久以前就意识到这个问题了。管理人员过多，处理每件事情所要经过的手续就会变多，办事效率自然会降低；而且这些管理人员都不是义工，需要发给报酬，比一般的工作人员的报酬还要高，所以管理人员越多，机构要付出的工资成本也越多。从各方面来说，管理人员过多都不是一件好事。

在现实中，各公司、机关中管理人员过多的现象确实是不少的。这被总结成一个定律，讲的就是：如果实际管理人员比最佳人数多两倍，工作时间就要多两倍，工作成本就要多四倍；如果实际管理人员比最佳人数多三倍，工作时间就要多三倍，工作成本就要多六倍。这就是管理学中著名的苛希纳定律。

苛希纳定律虽然是针对管理层人员而言的，但它同样适用于对公司一般人员的管理。在公司里，绝不是人越多越好，人越多力量越大。三个和尚没水喝的故事，我们早已耳熟能详了。在一个公司中，只有每个部门都真正达到了人员的最佳数量，才能最大限度地减少无用的工作时间，降低工作成本，从而达到企业的利益最大化。

精简机构，方是出路

无论是追求经济效益的公司企业，还是追求社会效益的政府机关，工作效率都是至关重要的。没有工作效率，一切都是空谈。但如何才能提高工作效率呢？程序越简单越好，手续越少越好，最好是用最少的人在最短的时间做最多的事情，一方面节约时间成本，一方面节约报酬成本，两全其美。

ABB 公司是一家全球有名的电气工程公司，年销售额为 300 亿美元，是以生产发电机、机车以及防公害设备为主的具有世界水准的重型机电设备企业。这个公司在管理学上也很出名，这是因为它的“五人规则”。连美国通用公司的总裁都说，通用汽车之所以在欧洲的事业能如此成功，也正是他改变了以往的做法，采取了类似 ABB 公司“五人规则”的精兵简政的策略。那这个“五人规则”讲的到底是什么呢？其实，它就是一种精简机构的策略，指营业额在 10 亿美元的企业配备 5 名管理人员即可。1988 年瑞典的阿塞亚公司和瑞士的布朗·保彼公司合并时，ABB 公司总裁帕西·巴奈彼科将总部原有的 1000 多人缩减到 150 人，而且他们几乎都是负责生产一线的管理人员。通常由总部担负的职能，如财务、人事、战略规划等都下放给基层，由分布在不同国家和地区的业务部门自行完成。这样一来，机构就精简了许多，需要的费用减少了，工作效率提高了。

正因为ABB公司最大限度地精简机构的原则，才使工作人员与客户及市场有最紧密的接触，才能时刻了解市场和客户需求，最快地做出决策以增加公司的销售额。这一原则的贯彻实施，使这个国际化的大公司更能适应世界的变化。

在小学低年级的算术入门书中有这样一道应用题："两个人挖一条水沟要用两天时间；如果四个人合作，要用多少天完成？"一般小孩的答案都是1天。而管理大师杜拉克却告诉大家，在实际操作过程中，可能要"1天完成"，可能要"4天完成"，也可能"永远完不成"。人与人的合作不是人力的简单相加，而是要复杂和微妙得多。1加1有可能等于2，也有可能等于0。在人与人的合作中，假定每一个人的能力都为1，那么10个人的合作结果有时比10大得多，有时甚至比1还要小。如果人的力是向相同的方向使，那么可能会产生比总和还大的力，但如果是向不同的方向使力，那可能还不如一个人的力量大。这是物理学上很简单的现象，力的相互作用求合力的问题。多力相互推动时自然事半功倍，相互抵触时则一事无成。所以，力不是越多越好，而是向一处使的力越大越好。人不在多，在精。只有机构精简，人员精干，企业才能保持永久的活力，才能在激烈的竞争中立于不败之地。

定律四十五

表率效应：

以身作则，一呼百应

【定律阐释】

在管理中，领导以身作则，下属就会自觉地跟随。表率的作用是无穷的，无论是规则还是制度，领导自己处处遵守，下属也不敢随便触犯；如果领导言而无信，下属也会任意妄为。

身教胜于言传，领导要以身作则

领导的职责就是管理下属，如何才能最有效地进行管理？首先，就是要取信于下属。如何才能达到这一目的？身教胜于言传，领导要以身作则。

在现实生活中，很多领导却是说得多做得少，这样很难令下属信服。成功的领导，99%在于自身的威信和魅力，1%在于权力行使，而这种威信与魅力，正是来自于领导自身的行为。自己做得无可挑剔，下属自然安心工作。正所谓“已欲立而立人，已欲达而达人”，自已愿意做的事，才能要求别人去做；自已做得到的事，才能要求别人也做到。说得再多，都不如你亲自做一回，这样不仅能增加你的亲和力，更能形成高度的凝聚力。用你的行为，这无声的语言来影响你的员工，说服你的员工。“照我做的做”，这种强有力的榜样作用，会比你天天讲话、训话要有效得多。

作为管理者，要想管好员工，就得勇于当下级学习的标杆，对自己严格要求、事事为先。领导往往是一个组织、机构的核心，领导做到位了，下属都会向领导看齐，这样管理起来就轻松多了。

古往今来，无论是领兵打仗的将帅，治理朝政的君王、领袖，还是管理政务的大臣、官员，经营商业的商贾、大亨，如果没有以身作则的品行和自我约束力，就很难干出一番事业。

举世闻名的巴顿将军，曾说过这样一句话："战争中有这样一条真理：士兵什么也不是，将领却是一切。"他说这句话并不是在说普通士兵没用，而是在强调将领的作用很大。这句话背后的意思是：士兵的状态，取决于将领的状态；将领所展示出来的形象，就是士兵学习的标杆！如果将领能以身作则，就能在士兵中树立权威，那么就会形成一呼百应的场面，士气高涨，胜利在望。相反，如果将领不能以身作则，必然致使军心涣散，溃不成军，如何应战？因此，巴顿说将领就是一切。

这个道理不仅仅适用于军队，在其他任何一个组织中都适用。凡是能够带领团队取得成功的领导者，必定是以身作则的领导者。

日本著名企业家士光敏夫就是这样一位成功的领导者。

士光敏夫在1965年曾出任东芝电器社长。当时的东芝人才济济，但由于组织庞大、层次过多、管理不善、职员松散，导致公司业绩不断下降。士光敏夫上任之后，立即提出了"一般职员要比以前多用3倍的脑筋，董事则要10倍，我本人则有过之而无不及"的口号来重建东芝。

士光敏夫的口头禅是："以身作则最具说服力。"他坚持每天提早半小时上班，并空出上午7：30～8：30的1小时，欢迎职员与他一起动脑，共同来讨论公司的问题。

此外，士光敏夫每天巡视工厂，遍访了东芝设在日本的工厂和企业，与职员一起吃饭，闲话家常。清晨，他总比别人早到半个钟头，站在工厂门口，向工人问好，率先示范。职员受此气氛的感染，促进了相互的沟通，士气大振。

士光敏夫还借一次参观的机会，给东芝的董事上了一课。

有一天，东芝的一位董事参观一艘名叫"出光丸"的巨型油轮，由于士光敏夫已去看过9次，所以事先说好由他带路。那一天是假日，他们约好在某车站的门口会合。士光敏夫准时到达，董事乘公司的车随后匆匆忙忙赶到。董事说："社长先生，抱歉让您久等了。我看我们就搭您的车前往参观吧！"董事以为士光敏夫也是乘公司专车来的。士光敏夫面无表情地说："我并没有乘公司的轿车，我们去搭电车吧！"董事听完愣在那里半天，羞愧得无地自容。

士光敏夫为了杜绝浪费，使管理合理化，以身作则搭电车，给那位董事上了一课。

这件事立即传遍了整个公司，上下职员引以为鉴，渐渐消除了随意浪费公司物品的现象。由于士光敏夫的以身作则和点点滴滴的努力，东芝公司的情况逐渐好转并兴旺起来。

著名管理学家帕瑞克曾说过："除非你能管理'自我'(self)，否则你不能管理任何人或任何东西。"正所谓："正人先正己，管事先做人。"领导就是下级学习的榜样，规章制度不只是为下属定的，也是为领导定的，领导要先做到，才能以行服人。

作为一名领导，第一原则就是要以身作则，看看你做了什么，而不是说了什么。领导并不意味着特权，也不意味着享受，而是意味着比一般人承担更多的责任，面对更多的困难。尤其是当组织遭遇困境时，能够身先士卒，展现出一种领军风范。

与下属"同甘共苦"

作为一个团队的领导者，自然有条件获得比一般人员更好的生活条件。而从下属的角度来看，他们认为自己与上司在人格上是平等的，生活条件上有差异经常会让他们感到不平衡。即使没有不平衡感，生活条件的差异也拉大了上司和下属之间的距离。以上两个原因将直接导致团队凝聚力的减弱。

所以，善于掌控团队的领导者，必然善于和下属"同甘共苦"，虽然最终目的还是自己获得更大利益。

西汉著名的“飞将军”李广，廉洁奉公，从不贪财。他每次得到朝廷赏赐，都分给部下。李广一生做俸禄二千石这一级的官职有四十余年，家中却没有多余的钱财，他也从不谈论置办家产的事。李广还与士卒共进饮食，每当遇到饮食缺乏，或到断炊缺粮时，发现可饮用的水，士兵中只要有一个人还没有喝到，他就不会靠前先喝上一口；有了食物，若不是每个士兵都吃到了，他是连尝都不会尝的。他对士兵宽厚和蔼，不加苛扰，因此，士兵都爱戴他，乐于听他指挥，勇于杀敌。

东汉开国功臣祭遵，官至征虏将军，一生廉洁谨慎，每当因战功得到朝廷赏赐时，他都全部分给士卒，而自己却“家无私财，身衣韦绔”，甚至连夫人都“裳不加缘”，异常勤俭节约。

在现在的一些企业里，我们常可以看到上司和员工们一块儿吃盒饭，一块儿加班，业绩好了也不吝惜薪水的现象。这些企业往往是上下一心，越做越强。而那些上司高高在上的公司企业，则经常会遭遇失败，这就是因为管理者不懂得“同甘共苦”以增强团队凝聚力。

定律四十六

参与定律：

参与是支持的前提

【定律阐释】

由美国著名企业家玫琳凯提出：每个人都会支持他参与创造的事物，因为这是他自己做出的决定，是他自己智慧的结晶。

有参与才有支持

每个人都会支持他参与创造的事物。所以想让别人支持你的观点，就让他参与你的构思；想让别人支持你的行为，就让他参与你的行动；想让别人支持你的决策，就让他参与决策的讨论。这是最简单的道理，但却在现实中很少被施行。

现今的企业，大多还是少数几个高层说了算，无论是制定企业的发展方向还是员工的待遇福利，只要高层开个会讨论一下，这件事情就算定了，就开始在企业上下推行。这样就容易出现一些矛盾，比如有些员工对一些制度或决策表示不满，严重的会辞职不干，轻微的也会消极怠工。企业不只是几个人的企业，它的发展关系到在这企业工作的每个人的生活和命运，它是大家的企业，所以企业的每位员工都应该有发言权和参与权。让每个员工都参与到企业决策的制定中去，会让整个企业上下一心，气氛融洽，战无不胜。

美国阿肯萨斯大学教授莫丽·瑞珀特曾做过一个实验，这个实验是在美国的一个物流公司总部及其分支机构中进行的。实验的内容是对该公司的所有全职员工进行调查，看员工参与度与企业发展的关系。结果证明：在制定战略决策时员工参与度高的那一组，对战略决策的认同度也高；而在制定战略决策时员工参与度低的那一组，对战略决策的认同度也低。这就充分说明了，管理者要想让员工朝着企业制定的目标全力奋进，就必须为员工提供明确的战略远景，让员工参与相应的决策制定，这样才会加强员工对战略决策的认同，上下朝着一个方向迈进。同时，当员工参与了企业的决策和管理后，也会对企业产生很高的认同感和满意度，会自觉地认为他是这企业的一员，有一种“主人翁”的感觉，这样就会干劲十足，企业也会获益颇多。

参与是支持的前提，有参与才有支持。不要怕别人会有不同意见，让大家参与到公司的决策和管理中来，会让公司更有活力和激情，会让公司更融洽与和睦，会让公司有更清晰的发展前景。

懂得让对方参与

想说服一个人，或想让某人支持你的决定，那么最好的方法就是让他也参与其中。人与人之间需要沟通和交流，这个世界不是“一言堂”，不是你拍板别人就必须听你的，要懂得让别人心甘情愿地跟随你，要懂得让对方参与到你的计划或决策中去，让他感觉到这不只是你一个人的意见和决定，而是你们共同努力的结果。这样，你的计划更很容易成功。

有一位专门负责推销装帧图案的年轻人，就从自己的经历中悟出了这个道理。推销工作，在一般人的眼中就是靠一张嘴说得天花乱坠，“忽悠人”的。其实不然，推销其实是很具挑战和智慧的一种职业。这位年轻人起初到一家公司去推销装帧图案，每次都碰壁，可他从不灰心，一直坚持每星期去一次，有时甚至一星期去几次。但是这样跑了一年多，还是没能与这家公司达成交易，而且这家公司的主管每次拒绝他的理由都是一样的：“你的图案缺乏创新，我看还是不能用，对不起……”

一年多的努力，一点儿收获也没有，年轻人决定要放弃，但是他想在放弃之前，搞清楚自己失败的原因。于是，他又一次出现在那家公司主管的面前。可这次他没有一直介绍和推荐自己的产品，而是恳切地请求主管能给他指点一下，提出自己对这些图案的意见，以使年轻人所在的公司能够做出让主管满意的装帧图案。这位主管接受了年轻人的请求，把自己的一些想法告诉了年轻人。几天后，年轻人带着根据主管的意见修改完成的装帧图案，又去见那家公司的主管。结果，那家公司全部购买了这批装帧图案。

通过这件事情，年轻人明白了一个道理：不能强迫别人接受自己的想法，而是要让他们参与创造、设计装帧图案，这样他们就会主动来购买这些“他们的作品”。明白了这个道理后，年轻人的推销工作就如鱼得水，做得越来越顺利了。

其实，这是个很简单明了的道理，只是很多人还不懂得运用。在企业管理中，这个道理更是适用。让员工参与公司的管理与决策，让他们感觉到那些决策是自己的“作品”，那么员工就很容易接受和支持这些决策。而且，员工都是在第一线工作，比那些中层领导更清楚自己的工作和企业的问题。

比如丰田汽车公司，为了鼓励员工参与管理，在总厂及分厂设了130多处绿色的意见箱，并备有提建议的专用纸，每月开箱1～3次，建议被采纳后会对提建议的员工进行奖励。多年以来，丰田一直坚持这样的做法，对那些对企业非常有帮助的合理化建议，奖金更是高达数十万日元。就算建议未被采用，公司也会给予500日元的“精神奖”以鼓励大家多提建议。正是这种让员工普遍参与决策和管理的氛围，使丰田公司越来越强大，后来更是成为日本汽车制造业中规模最大、产量最高的公司，并跻身世界汽车工业的先进行列，一跃而成为世界第二大汽车生产商。

这就是参与的力量，懂得让对方参与到你的计划中来，你会收获意想不到的成功。

定律四十七

德尼摩定律：

先“知人”，再“善任”

【定律阐释】

德尼摩定律是英国管理学家德尼摩提出的，他主张，凡事都应该有一个可安置的所在，一切都应在它该在的地方。如果位置选择合适，那么人们在工作、学习、生活中就会全身心地投入。即使遇到挫折，或者暂时的失败，也不会影响到他们前进的脚步。反之，人们就会逐渐懈怠。

恰当安排员工的位置

古语有言：“橘生淮南则为橘，生于淮北则为枳。”自然界如此，人类亦是如此。“凡事都应该有一个可安置的所在，一切都应该在它该在的地方”，这个论断因为在管理领域的广泛运用而成为了著名的“德尼摩定律”。因此，对于管理者而言，如何恰当安排员工的位置，就显得尤为重要。

每个人只有在最适合他的位置上站住脚，才能充分发挥出他的才能，为公司创造最大的价值。但是，每个人心目中对“最适合”这一概念的定义都有不同的见解，那又怎样确定一个位置是适合这个员工，还是适合其他的员工呢？

带着同样的好奇心，管理学家们也做了大量的努力，综合了各类性格人群的观点。总的来说，如何将合适的员工安排到合理的岗位上去，主要应从以下几个方面考虑：

1. 看工作的领域和性质是否符合员工的价值观

价值观，通俗地说，就是指一个人判断周围的客观事物有无价值以及价值大小的总评价和总看法。每个人都有属于自己的价值观，与性格相似，一旦确立，便具有一定的稳定性。安排工作也一样，管理人员就要根据这一点进行人员的合理调配。比如，学广播主持专业的人员，大多会认同传媒方向的价值观与专业文化，如果让他去广告部就职，那么，面对那里大量的设计策划事务，他将会觉得自己无用武之地。因此，专业领域是否对口是安排员工首要考虑的问题。

2. 要看员工的个性与气质能否在工作中得到很好的发挥

当帮助员工确定了适合他们的工作方向之后，也就是确定了他们今后发展的大方向，接下来要考虑的就是，在公司内部，什么样的具体职务才适合这些员工。如果某个人严谨认真，安排他做行政或者助理类的工作将比较合适；如果某个人富有创意，把他安排到营销策划类的工作中将是一个不错的选择；如果某个人精通管理，懂得用人之道，那么可以先任命他做一个小的团队的领导人，慢慢培养提拔。总之，管理者要让员工在最适合的工作岗位上就职，这样不仅是为员工的长远发展负责，也是为公司利益负责。

总而言之，德尼摩定律告诉我们的道理很简单：位置有很多，但每个人最适合的却只有一个。因此，确定最佳位置很关键。

如何实现“知人善用”

管理，从宏观角度来说，无非就是考虑两大群体：管理人员与被管理人员。做好这两方面的工作，使得领导与员工都能够在各自的工作岗位上各司其职，那么管理自然也就发挥出了它的最大效力。德尼摩定律也是如此，员工要认清自我，寻找最适合自己的行业与职位，领导更要帮助员工去找到那个最适合他的位置。

首先，管理者要熟悉自己手下的员工，德尼摩定律告诉我们，每位员工，尽管在生活习惯、教育程度、个人喜好、价值观等方面存在着或多或少的差异，但是却有着一个共同点：都有一个它最适合的位置。在当今文化多元化的时代浪潮中，领导负责的部门有很多，而要安排的员工也有很多。只有让员工与岗位进行最优的匹配，才能让每个员工发挥最大的功效。

在了解了手下员工的各方面的特点之后，对于企业的领导来说，就要体现出发掘人才的才能了。德尼摩定律就是在强调知人善用。什么叫知人善用？先去了解一个人，知道了他有什么性格，有什么喜好，有什么优点和缺点，怎样调动他的积极性，将他放在什么位置上最合适，等等，然后再考虑尽用其才，为公司赢利。需要强调的是，管理者在指导员工选择职位的时候，就要确保它的稳定性。既然选择了，就要让员工在岗位上踏踏实实地干出一番业绩，不能轻言放弃，更不能三天两头地调换员工的工作。而应该在让员工在最适合自己的广阔天地中尽情挥洒自己的才情与汗水。

真正高素质的管理领导者不必事无巨细，事必躬亲，只要合理安排人员，在宏观上进行指挥调控就可以了。如果能充分发挥每位员工的积极性和才能，那么事业成功就只是时间早晚的问题。

知人善用，说起来似乎很容易，真正实施起来，却需要注意很多细节上的问题。管理者要按照员工的特点和喜好来合理分配工作，让最合适的人做最合适的工作。然而，金无足赤，人无完人，再优秀的人也会有他的软肋。因此，对于管理者来说，只要能够扬长避短，最大化其优点，最小化其缺点，就可以让人才为自己所用，为企业创造价值。例如，在招聘的员工刚入职的时候，先让员工自己挑选最能发挥自己专长的职位。管理人员根据员工的选择情况再进行合理调配，使职员各得其所。这样，既满足了员工的个人喜好，又能最大程度地发挥他们的聪明才智，有效地利用人才资源，从而使员工更好地为公司工作，在施展了自己才能的同时，也为公司创造了最大的效益，实现双赢。

但是，人才并不是与生俱来的，人才也会犯错误，更需要时间来成长、完善自我。因此，管理者要耐心地去慢慢培养、鼓励。只有这样，才能让众多员工在成长的过程中获得一种归属感、满足感与成就感，产生一种对组织认同的向心力。人心齐，泰山移。有了凝聚力，企业就能无坚不摧。

站在史学的角度看，刘邦是历史上的一代君王；而如果站在管理的角度看，刘邦是一位懂得知人善用的高层管理人士。他作为一个团体的核心人物，安排韩信带兵出征，张良负责出谋划策，萧何确保后方的稳定……各方面都安排得井井有条，从而成就了他的一番霸业。

长久以来，德尼摩定律都在有意无意中影响并指导着我们的生活。相信每一个人都存在着不同方面的潜质，没有真正无能的人，只有不会使用才能的人。

定律四十八

鲦鱼效应：

火车跑得快，全靠车头带

【定律阐释】

鲦鱼效应，又叫“头鱼理论”，最初由德国动物学家霍斯特提出，指群体中的成员因为自身的弱小而寻求强大的领导，但事实上如果盲目跟从强者而不加思考，最后往往导致失败的结局。

领导责任重于泰山

鲦鱼是一种群居的鱼类，这是因为单个的鲦鱼没有太大的能力去攻击其他鱼类的缘故。通常它们有一个比较具有“智慧”及活动力强的首领，其他的鲦鱼便追随在它后面，亦步亦趋，形成一种极有趣味的“马首是瞻”的生活秩序。

德国动物行为学家霍斯特曾经做了个实验，他将一条鲦鱼的脑部割除，这条鱼竟然还能维持相当一段时间的生命。当这条鱼被放入水中时，它不再限制自己必须游回群体，它已经丧失了一条正常的鱼的抑制能力，相反，这条暂时精力十足的鱼可以任自己喜好而游向任何地方。令人惊异的是，其他的鲦鱼这时都会盲目地跟随它，使这条无脑的鱼成为鱼群的领导者。

鲦鱼因为体形弱小而逐渐形成了群居的习惯，并以群体中的强健者为自然首领。这是鲦鱼生存的基础，可以理解。可是，如果将鲦鱼首领脑后控制行为的部分割除之后，它失去了方向感，行为也发生了紊乱，找不到食物，也躲避不了天敌的袭击。这时，如果忠诚的鲦鱼们依然追随它，那么，迎接这个鲦鱼群体的命运只有一个——灭亡。

鲦鱼效应，看似简单，却说明了领导者对于组织命运的重要性。领导者是否优秀，不仅关系着个人成败，更关系着企业的发展和全体成员的命运。因此，作为领头人，本身就要明确自己所肩负的责任：要对组织的命运负责，更要对组织中成员的命运负责。

当鲦鱼中的自然首领行为紊乱后，整个鱼群的行动也会跟着紊乱。同样的道理，在一个企业或者组织中，如果领导者出现了问题，那么整个企业和组织也不可避免地要出现问题。这种经历相信每个人都曾体验过，上课的时候，如果某位老师因为心情不好而导致讲课的兴致不高，会间接影响到学生的听课效率。一个小的班级尚且如此，更何况是企业或者组织。因此，领导者是一个企业的主心骨，应该为企业的发展勇挑重担。

如果企业或者其中的某个部门出现了问题，领导者一定要勇于承担责任，千万不可推卸责任，置公司利益于不顾。那样不仅会使问题更加恶化，还会影响企业的后续发展。对于领导者个人而言，面临的则是信誉扫地、影响力大减的威胁，结果往往只能自讨苦吃。

任何问题，从产生到暴露，都需要一个或长或短的时间。所以，领导者对于问题的获知，就会有一定的滞后性。而且，有的时候，显现出来的问题只是冰山一角，在这背后，还有更多更为严重的问题亟待解决。但是，有的领导者喜欢推卸责任，当企业内部出现问题时，总认为责任不在自己身上，是员工个人的问题。不但不及时解决问题，反而一味推卸，一味指责。这样会严重伤害员工的积极性，长此以往，也会使整个团队失去凝聚力。

那么，成功的领导者该如何做呢？真正的领导者，在面对问题的时候，不是先问为什么，而是先想怎么办。把问题的责任先主动承揽过来，把注意力放到解决问题上，至于事情的原因为何，责任在谁，可以事后再进行反思。

在这方面，海尔集团的董事长张瑞敏可谓树立了榜样作用。现在，提起海尔家电，可谓家喻户晓，也深得消费者的好评。但是，在企业成立初期，消费者对海尔的认可度不高，销量持续上不去，生产的冰箱都在仓库里积压着，资金周转不开，生产面临着很大的威胁。这时，张瑞敏得知，在仓库积压的冰箱有100多台存在质量问题。当即召集全厂职工开会，在全厂员工面前，大谈质量与诚信对一个企业的重要性，最后，在众多员工的百般阻挠下，仍然让人用铁锤将存在质量问题的冰箱全部砸毁。这一举动让所有的海尔人如梦初醒。随后，在海尔的公司里，就出现一个庄严的铁锤和一句话：质量是企业的生命。从此，在漫长的创业历程中，海尔人始终秉承着这个信念，拿质量说话，凭质量竞争，逐渐打开了国内外的广阔市场，在同行业中脱颖而出。

张瑞敏就是一位勇于承担责任的领导者，面对企业出现的问题，并没有任其发展下去，也没有指责生产部门的玩忽职守，而是当机立断拿出方案，将问题扼杀在摇篮里，然后，再谋发展之道。这样的领导者，才能带领成员闯出一片新天地，避免鲦鱼效应一损俱损的局面的出现。

愚钝的领导者，先推卸，再指责；明智的领导者，先解决，再反思。前者失去的是个人的威信和企业的利益，后者得到的是领导的威信和企业的良性发展。领导者的责任，重于泰山，不可小觑。

切勿盲目跟风，随波逐流

鲦鱼群体的灭亡，一方面是由于其首领的错误领导，找不到食物，躲避不了天敌；而另一方面，也与鲦鱼群体的盲目跟从有着极大的关系。如果它们能够及时发现首领的紊乱行为，并重新确定新的首领，那么它们就不会有惨遭灭亡的命运。

鲦鱼的经历也警示着企业的一些中低层管理者们，要时刻保持清醒的思维和头脑，不可盲目跟从上级领导。上级决策正确明智，当然要不遗余力地去执行。如果决策有失偏颇，而你还不假思索地跟随了领导们的错误决策，那么后果是很严重的，不仅不能出色地完成任务，更会影响自己的前途。

当看到鲦鱼群体的灭亡之后，或许有人会认为：难道鲦鱼真的错了吗？它们作为鱼群中的一员，不是自始至终都在做忠诚的追随者吗？难道团队中有这样的追随者不好吗？

忠诚固然没有错。一家公司之所以迅速成长，发展壮大，是因为拥有一群忠实并甘于奉献的管理人员。一支军队之所以能克敌制胜，是因为拥有忠实的战士在为之努力奋战，不离不弃。但是，切莫忘记，我们所认为的忠诚都应该以领导者的正确决策为前提。脱离了这个前提，那么“忠诚”就要另当别论了。试想，如果一家公司的领导人决定：要不惜一切代价地降低成本、获取利润，甚至可以将这种利润的获取建立在偷工减料、损害消费者利益的基础上，那么，作为下一级的管理者，还会去“忠诚地”执行他的命令吗？如果一支军队的将领抵挡不住敌方糖衣炮弹的诱惑，而率领整个军队投降，一位真正忠诚的战士仍然会生死相随吗？在这种情况下，只有那些敢于果断地站出来，指出领导者的错误决策的人，才是真正对公司、对军队忠诚的人。这种意义上的“忠诚”才值得尊重。反之，那只能说他们也是鲦鱼，只懂得盲目的“忠诚”，近似于无知。

那么，当一个企业出现了发展的瓶颈，只能在夹缝中求得生存的时候，中低层管理人员们应该何去何从呢？其实，这时，不妨综合运用一下鲦鱼效应。先观察领导们的反应。如果领导者拥有足够的智慧与魄力，能够为企业制定一个切实可行的解决方案，并将大家的力量都聚集到一起，将全体工作人员的积极性和信心都充分调动起来，那么，就说明这样的领导还是值得追随的，这样的企业还是有生命力的。虽然明明知道前面等待自己的是许多困难，但会笑着去面对。最终，在这个强有力的领导的带领下共同努力使企业走出困境。而如果情况恰恰相反，领导者不思进取，整天怨天尤人，消极地等待命运做出裁判，那么，中低层管理人员就没有必要跟着这样的领导一条路走到黑了，可以适时提出辞职的要求，另谋出路。

在当今这个多元文化的社会中，拥有自己的主见很重要。不要盲目跟风，那样会使自己变得愚蠢；不要随波逐流，那样会让自己在不经意中迷失自我。工作如此，生活亦是如此。

定律四十九

波特法则：

有独特的定位，才会有独特的成功

【定律阐释】

美国哈佛商学院教授迈克尔·波特提出：竞争中最有效的防御，是从根本上阻止战斗发生。所以，有独特的定位，才会有独特的成功。

不求第一，但求独特

被誉为“竞争战略之父”的哈佛商学院教授迈克尔·波特曾说：“不要把竞争仅仅看作是争夺行业的第一名，完美的竞争战略是创造出企业的独特性——让它在这一行业内无法被复制。”

由其提出的波特法则指出，防止完全竞争最为有效的途径之一，就是要从根本上阻止战斗的发生。要做到这一点，对自己的产品就必须有独特的定位，自己的竞争策略就要有独到之处。这方面，比尔·盖茨为我们做了一个非常成功的例子。

某一天，比尔·盖茨从其西雅图总部附近的一家餐馆走出来，一个无家可归者拦住他要钱。给点儿钱自然是小事一桩，但接下来的事却令见多识广的比尔·盖茨也目瞪口呆——流浪汉主动提供了自己的网址，那是西雅图一个庇护所在互联网上建立的地址，以帮助无家可归者。

“简直难以置信，”事后盖茨感慨道，“互联网是很大，但没想到无家可归者也能找到那里。”

今天，比尔·盖茨的微软给互联网带来了统一的标准，也带来了前所未有的垄断。其视窗（Windows）操作系统几乎已成为进入互联网的必由之路，全世界各地的个人电脑中，92%在运用Windows软件系统。更值得一提的是，过去两年来，微软共投资及收购了37家公司，表面看起来好像是一种随心所欲的资本扩张行为，但只要把这37家公司排在一起分门别类，立刻就会令人大惊失色！因为这37家公司所代表的竟然是网络经济的三大命脉：互联网络信息基础平台，互联网络商业服务，互联网络信息终端。微软不仅统治了现在的个人电脑时代，而且已经开始着手统治未来的网络时代！难怪美国司法部要引用反垄断法控告微软。

但比尔·盖茨从容地说："微软只占整个软件业的4%，怎么能算垄断呢？"

盖茨的话也自有他的道理，因为软件的形态与工业时代的规模和产品建立的垄断已有明显区别。实际上，微软已不仅仅是单纯的垄断，只有"霸权"才能更确切地描述微软的真实。因为操作系统是整个电脑业的基础，微软以核心产品的垄断获得了对整个软件行业的霸权，使得垄断操作"稀释"和掩饰在更大范围的霸权之中，与单纯的数量份额和比例等有关垄断的硬性指标已无明显关系。

这种软件业的霸权是一种独特的霸权，是知识的霸权，创新的霸权，更是盖茨在竞争中的独特的定位。

所以，要想在激烈的竞争中立于不败之地，你可以不求第一，但一定要求独特。

一只脚不能同时踏入两条河流

哲学上有一个公认的观点是"一只脚不能同时踏入两条河流"，其实，竞争中所采取的决策亦是如此，如果有真正的决策，就不能同时选择两条道路。在战略上面，决策就像岔路，你选择了一条路，那就意味着你不可能同时选择另外一条路。

下面，我们就以美国奋进汽车租赁公司为例来谈谈这个问题：

奋进是美国赫赫有名的汽车租赁公司，然而，你若去有一定规模的机场租车区，一定能够看到赫斯汽车租赁公司和爱维斯汽车租赁公司的柜台，也可以看到很多小汽车租赁公司的柜台，却看不到奋进公司的柜台。更令人费解的是，奋进公司的租金要比对手低30%左右，但总是比其他更有名气的竞争对手获得更多利润。

原来，与爱维斯汽车租赁公司和赫斯汽车租赁公司将自己的客户定位于飞行旅游者不同，奋进汽车租赁公司将服务对象定位于那些还没有买到自己汽车的人。对于这些客户来说，如果需要自己支付租金，价格就是一个重要的考虑因素，而且他们肯定还要考虑保险公司是否会理赔。奋进汽车租赁公司就有意识地裁减各种客户不愿意付费的项目和可能增加的成本，包括做广告的费用。

就这样，奋进汽车租赁公司始终如一地坚持这一策略，尽管客户付费较少，但他们节省的开支大大超过了收费低廉而造成的损失，因此在业内总能成为赢家。

可见，在竞争中选择一个独特的策略，并始终坚持这一个方向，才能成为行业真正的、持久的赢家。

与之类似，戴尔电脑公司在1989年的经营模式改革中也体会到了这一点。当时，戴尔感到自己的直销模式发展得不够快，就试图通过代理商来销售。可是，当他们发现这种转变给公司业绩带来损害的时候，就马上取消了这种做法。问题在于，如果你同时选择两条道路，别人也会这么做。所以，你要选择一条自己最擅长的、具有独特定位的方式坚持下去。这样，你的差异化道路就会具有持续的力量，使对手无法打败你。否则，你只会表现平平。

学会了这些，你在具体制作竞争策略的时候，就应该懂得不能让自己的“一只脚同时踏入两条河”的简单道理了。

定律五十

权变理论：

随具体情境而变，依具体情况而定

【定律阐释】

任何系统的内在要素和外部环境条件都各不相同，不存在适用于任何情景的原则和方法，关键是采取依势而行的应变策略。

计划没有变化快

在竞争中，我们总喜欢说不要打无准备之仗，事前一定要做好计划和安排。计划代表了目标，代表了充实，代表了憧憬，代表了一种对自己的承诺，因为“计划”会让我们知道下一步该做什么。

然而，“一切尽在掌握之中”固然是好，但我们也无法排除“计划外”的可能，正所谓计划没有变化快。

东汉末年，曹操征伐张绣。有一天，曹军突然退兵而去。张绣非常高兴，立刻带兵追击曹操。这时，他的谋士贾诩建议道：“不要去追，追的话肯定要吃败仗。”张绣觉得贾诩的意见很好笑，根本不予采纳，便领兵去与曹军交战，结果大败而归。

谁料，贾诩见张绣败仗回来，反而劝张绣说赶快再去追击。张绣心有余悸又满脸疑惑地问：“先前没有采用您的意见，以至于到这种地步。如今已经失败，怎么又要追呢？”“战斗形势起了变化，赶紧追击必能得胜。”贾诩答道。由于一开始败仗的教训，张绣这次听从了贾翊的意见，连忙聚集败兵前去追击。果然如贾诩所言，这次张绣大胜而归。

回来后，张绣好奇地问贾诩："我先用精兵追赶撤退的曹军，而您说肯定要失败；我败退后用败兵去袭击刚打了胜仗的曹军，而您说必定取胜。事实完全像您所预言的，为什么会精兵失败，败兵得胜呢？"

贾诩立刻答道："很简单，您虽然善于用兵，但不是曹操的对手。曹军刚撤退时，曹操必亲自压阵，我们追兵即使精锐，但仍不是曹军的对手，故被打败。曹操先前在进攻您的时候没有发生任何差错，却突然退兵了，肯定是国内发生了什么事，打败您的追兵后，必然是轻装快速前进，仅留下一些将领在后面掩护，但他们根本不是您的对手，所以您用败兵也能打胜他们。"

张绣听了，十分佩服贾诩的智慧。

在这次战役中，局势变幻无常，而这些无常，却决定了最终的胜与败。当今社会亦是如此，没有谁能在今天就断定明天一定会怎么样，事情的发展都具有一定的未知因素。

贾诩那番充满智慧的话，实际就是论述了一种"因机而立胜"的权变战略思想。这种理论告诉我们，组织是社会大系统中的一个开放型的子系统，是受环境影响的，我们必须根据组织的处境和作用，采取相应的措施，才能保持对环境的最佳适应。

那么，在激烈的竞争中，不要执着于某种外在的形式，不要完全拘泥于事先的精心计划，在事情发展过程中的计划外因素往往更加具有影响力。

以变应变，才能赢得精彩

毫不夸张地说，我们已经进入了竞争时代，一切都充满了变数。就拿大家熟悉的股市来说，几秒钟内的上下颠覆，可能把你送上云端，也可能把你推入地狱。对此，一定要树立权变的思想，善变才能赢。

《猫和老鼠》的经典动画片大家应该记忆犹新，为什么每次小杰瑞总能逃过汤姆的利爪，还让汤姆吃尽了苦头？汤姆即使绞尽脑汁、费尽力气，为何仍然一无所获？这一切都是因为小杰瑞对汤姆的一举一动，甚至一个呼吸、一个喷嚏、一个微笑的变化，都有不同的应对手段。

在商业竞争中，善变的思想同样必要。

中国布鞋曾一度在秘鲁打开销售大门，当地一家公司每月可销售中国布鞋6万多双。

不料，秘鲁当局颁布了一项法令：禁止纺织品和鞋子进口。这一突如其来的变化，使中国布鞋在秘鲁的销售大门被关闭了。

陷入困境的中国商人并没有坐以待毙，经过分析，他们发现秘鲁并没有禁止进口制鞋设备及布鞋面。于是，他们转变策略，决定出口制鞋设备和布鞋面，在秘鲁当地加工布鞋。布鞋面既不算成品布鞋，也不属于纺织品，不受禁令制约。

后来，中国布鞋又重新在秘鲁占有了一定的市场份额。

正如《孙子兵法》所言："夫兵形象水，水之形避高而趋下，兵之形避实而击虚。水因地而制流，兵因敌而制胜。故兵无常势，水无常形，能因敌变化而取胜者谓之神。"意思是用兵打仗，好像地下的流水那样没有固定刻板的规律，没有一成不变的打法，能采取敌变我变而取胜的，就叫用兵如神了。

某省一家出售冷冻鸡肉的食品公司，由于竞争激烈，冷冻鸡肉销售一直不太景气。后来，该公司经过市场调研，发现顾客喜欢吃新鲜鸡肉，于是实施相应策略，改为凌晨3：00开始杀鸡，待去毛分割完毕恰好接近黎明。新鲜的鸡肉送到市场，生意一下子红火起来，公司利润持续上升，顾客也非常满意。

由此观之，善变之道在于灵敏地做出应变决策，抢占先机。没有这种能力，一个公司就会陷于故步自封的境地，一个人就会陷入墨守成规的套子。

竞争世界如同一只变色龙，变化的发生有时是没有什么明显的先兆的，我们往往也无法预知，"翻手为云，覆手为雨"，常常让我们措手不及。因此，每走一步棋，我们既要紧跟时机，又要学会思考，以变应变，才能赢得精彩。

定律五十一

史密斯原则：

竞争中前进，合作中获利

【定律阐释】

史密斯原则，是美国通用汽车公司前董事长约翰·史密斯提出的一条著名的策略型原则，即在商场上，没有永远的敌人，只有永远的利益，如果你不能打败你的竞争对手，那么就与他们合作。

学会与敌人合作

竞争，不单单意味着“你死我活”的争斗，也存在着“你为我用，我为你用”的合作。螳臂不能挡车，鸟卵不能击石，如果不能战胜对手，与其自寻死路，不如加入到他们之中去，学会与你的对手合作，达到一种双赢的效果。

从前，有一个农夫靠种地为生。一日，他见自己的农田旁边长有三丛灌木，越看越不顺眼。他认为这些灌木毫无用处，而且还妨碍他种地。于是，他决定把这些灌木砍掉当柴烧。可他并不知道，每丛灌木中都住着一群蜜蜂。如果他把灌木砍了，蜜蜂们就无家可归了。因此，在农夫砍第一丛灌木时，里面的蜜蜂出来苦苦哀求：“亲爱的农夫，您把灌木砍了也得不到多少柴火，请您行行好，就看在我们为您传播花粉的份上，不要砍这丛灌木了！”农夫看看这些令他讨厌的灌木，摇摇头说：“即使没有你们，也会有别的蜜蜂为我传播花粉的。”说着，抡起手中的斧头把第一丛灌木砍掉了。

第二天，农夫又来到农田边要砍第二丛灌木。突然，一大群蜜蜂飞了出来，对农夫嗡嗡叫道："可恶的农夫，你胆敢破坏我们的家园，我们就蜇死你！"说着，就朝农夫脸上蜇去。农夫的脸上立即出现了几个大包，又疼又痒。农夫一下怒不可遏，一把火烧了第二丛灌木。

第三天，当农夫正要砍第三丛灌木的时候，住在里面的那群蜜蜂的蜂王飞了出来，对农夫说："睿智的农夫啊，您难道真的要砍掉这些灌木吗？难道您没有意识到它会给您带来多少好处吗？我们蜂窝每年产出的蜂蜜和蜂王浆够您一年的吃喝；而这丛灌木质地细腻，养大了也准能卖个好价钱。"听了蜂王的话，农夫举着斧头的手慢慢放了下来。他觉得蜂王言之有理，决定和蜜蜂合作，做蜂蜜的生意。

就这样，第三群蜜蜂保住了自己的家园，靠的不是恳求和对抗，而是与对手合作。天下熙熙皆为利来，天下攘攘皆为利往，没有永远的敌人，只有永远的利益。农大砍灌木是为了自己的利益，蜜蜂用更大的利益打动了农夫，用合作的方式留住了自己的家园。

当你的力量比对手弱时，恳求是不能引起同情的，反而会让对手更加瞧不起你，更想早些把你除掉；硬碰硬地对抗，敌我悬殊太大，只能是自取灭亡；这时只有智取，与对手合作，用利益打动他，达到双赢的目的。当然，要想让强大的对手与不起眼的你合作，你就必须让对手看到与你合作的利益会大大超过不合作，这样才能让对手下定决心与你合作，而不是与你为敌；而对于力量相对弱小的你来说，与强大的对手合作只有利而没有弊。不要以为是对手，就一定要摆出势不两立的派头，其实在利益的追逐中，今天的敌人也许就是明天的伙伴。

还有这样一个故事：

在一个产柿子的地方，每年的秋天等柿子熟后，当地的农民不会把每棵树的柿子都摘完，而是留着树顶上的柿子不摘。外地人到那儿看到后都不明白，就问这些农民为什么不把那些柿子都摘去卖了。当地的农民给了一个让他们很诧异的答案："这些柿子是留给鸟儿的。"鸟儿？为什么会留给鸟儿呢？他们想不明白。那些农民就说："树上有柿子，鸟儿才会来，鸟儿来吃柿子，也会吃树上的虫子，这样柿子树就不会生病，就能保证明年柿子大丰收。”

这些农民也是在与敌人合作，鸟儿喜欢吃柿子，有时趁农民不备就会偷吃，既然如此，农民就主动地给鸟儿留柿子，让它们帮忙捉虫，这就是双赢。

在商场上也是如此，要学会与自己的对手合作，在竞争中求进步，在合作中获利益。

竞争合作求双赢

竞争与合作从来都不是对立的，它们是相互依存的，与竞争对手合作，与合作伙伴良性竞争，在竞争、合作中互相学习、共同进步。一切以更好的发展为目的，无所谓敌人朋友，只要存在共同的利益，都可以一起合作达到共赢。

有一个牧场主与猎户做朋友的故事。

一个养了许多羊的牧场主，和一个养了一群凶猛猎狗的猎户成了邻居。结果，那些猎狗经常跳过两家之间的栅栏，袭击牧场里的小羊羔。每次遇到这种事情，牧场主都只好去请猎户把猎狗关好，但猎户从来不以为意，只是口头上答应，从未有过行动。猎狗咬死、咬伤小羊的事依然经常发生。终于，牧场主忍无可忍，到镇上去找法官评理。法官听了他的控诉后，说了这么一段话：“我可以处罚那个猎户，也可以发布法令让他把猎狗锁起来，但这样一来你就失去了一个朋友，多了一个敌人。你是愿意和敌人做邻居，还是愿意和朋友做邻居？”牧场主想也没想就说：“当然是愿意和朋友做邻居了。”听了他的话，法官接着说：“那好，我给你出个主意，按我说的去做，不但可以保证你的羊群不再受骚扰，还会为你赢得一个友好的邻居。”仔细听了法官的主意，牧场主回到家中就照着做了。他从自己的羊群中挑了三只最可爱的小羊羔，送给猎户的三个儿子。猎户的儿子们看到洁白温顺的小羊羔如获至宝，每天放学都要在院子里和小羊羔玩耍嬉戏。为了防止猎狗伤害儿子们的小羊，猎户专门做了一个大铁笼，把狗结结实实地锁了起来。为了答谢牧场主的好意，猎户开始经常送些野味给他，而牧场主也不时用羊肉和奶酪回赠猎户；而且因为这些猎狗的存在，从没有人敢来偷牧场主的羊，也没有其他动物敢来他的牧场捣乱。从此，牧场主的羊再也没有受到骚扰，他与猎户还成了朋友。

足见，化敌为友，不是对立而是合作，用友好的方式达到最终的目的是再好不过了。下过跳棋的人都知道，六个人各霸一方，互相是竞争对手，又必须是合作伙伴。因为如果你想到达目的地，就必须得利用别人搭的桥，只有大家互相搭桥合作，才能最快地到达目的地。

如果我们只讲求合作，放弃竞争，一味地为别人搭桥铺路，那别人就会先到达目的地，而自己只有等待失败收场；相反，如果我们只注意竞争，而忽视合作，一心只想拆别人的路，反而会延误自己的正事，自己依然无法获胜。所以，要在竞争中合作，在合作中竞争，求得双赢。

定律五十二

罗杰斯论断：

未雨绸缪，主宰命运

【定律阐释】

由美国 IBM 公司前总裁罗杰斯提出：成功的公司不会等待外界的影响来决定自己的命运，而是始终向前看。强调竞争中的忧患意识，未雨绸缪、居安思危的人才能应对一切突发事件，把握自己命运的方向。

未雨绸缪，有备无患

对待问题的态度应该像对待疾病的态度一样，在身体有些不适的时候，就要及时治疗以免病情发展得更为严重，甚至无法医治，对问题也是这样，及早地预见问题，将其消灭于萌芽状态，才能有效地解决问题。

真正精明的人对自己所处的环境总是富有洞察力，一旦察觉到对自己不利的势力，在刚看出端倪时就会出手打压，将其扼杀在摇篮之中。否则，坐视其发展壮大到和自己旗鼓相当，甚至强于自己时，就会养虎为患，一切都来不及了。

在生活中，学会未雨绸缪、防微杜渐，将一切不利的因素消除在萌芽状态，将自己的危险降到最低，无疑是明智之举。

未雨绸缪、防微杜渐是人生智慧。竞争之中，常常强调生活在“冬天”里的人，日子未必艰难；一直浸润在“春天”里的人，“冬天”或许会提前到来。

微软公司创始人比尔·盖茨常说：“微软离破产只有 18 个月。”居安思危是审时度势的理性思考，是在超前意识前提下的反思，是不敢懈怠、兢兢业业、勇于进取的积极心志。

世界著名的信息产业巨子，英特尔公司的前总裁安迪·葛罗夫，在功成身退之后回顾自己创业的历史，曾深有感触地说："只有那些危机感强烈，恐惧感强烈的人，才能够生存下去。"

英特尔成立时葛罗夫在研发部门工作。1979年，葛罗夫出任公司总裁，刚一上任他立即发动攻势，声称在一年内从摩托罗拉公司手中抢夺2000个客户，结果英特尔最后共赢得2500个客户，超额完成任务。此项攻势源于其强烈的危机意识，他总担心英特尔的市场会被其他企业占领。1982年，由于美国经济形势恶化，公司发展趋缓，他推出了"125%的解决方案"，要求雇员必须发挥更高的效率，以战胜咄咄逼人的日本企业。他时刻担心，日本已经超过了美国。在销售会议上，身材矮小、其貌不扬的葛罗夫，用拖长的声调说："英特尔是美国电子业迎战日本电子业的最后希望所在。"

危机意识渗透到安迪·葛罗夫经营管理的每个细节中。1985年的一天，葛罗夫与公司董事长兼CEO摩尔讨论公司目前的困境。他问："假如我下台了，另选一位新总裁，你认为他会采取什么行动？"摩尔犹豫了一下，答道："他会放弃存储器业务。"葛罗夫说："那我们为什么不自己动手？"1986年，葛罗夫为公司提出了新的口号——"英特尔，微处理器公司"，帮助英特尔顺利地走出了这一困境。其实，这皆源于他的危机意识。

1992年，英特尔成为世界上最大的半导体企业。此时英特尔已不仅仅是微处理器厂商，而是整个计算机产业的领导者。1994年，一个小小的芯片缺陷，将葛罗夫再次置于生死关头。12月12日，IBM宣布停止发售所有奔腾芯片的计算机。预期的成功变成泡影，一切变得不可捉摸，雇员心神不宁。12月19日，葛罗夫决定改变方针，更换所有芯片，并改进芯片设计。最终，公司耗费相当于奔腾5年广告费用的巨资完成了这一工作。英特尔活了下来，而且更加生气勃勃，是葛罗夫的性格和他的危机意识再次挽救了公司。

在葛罗夫的带领下，英特尔把利润中非常大的部分花在研发上。葛罗夫那句“只有恐惧、危机感强烈的人，才能生存下去”的名言已成为英特尔企业文化的象征。

居安思危方可安身，贪图逸豫则会亡身。只有如葛罗夫那样充满危机意识，我们才能在激烈的竞争中保持不败。每一个竞争者都要把葛罗夫的例子装在心中，将“永远让自己处于危机与恐惧中”的话记在心中。只有时时提醒自己不断进步，才能在竞争激烈的环境中生存下来，开创出属于自己的艳阳天。

在实践探索中培养预见力

未来是不确定的，计划在不确定因素面前无能为力，所以你必须随机应变，前提是你必须拥有确定的目标和长远的计划。

我们很容易被眼前的利益蒙蔽了双眼，从而忽视潜伏于远方的危险，在不知不觉中失败。因此，我们一定要高瞻远瞩，培养自己预见未来的能力。

公元前415年，雅典人准备攻击西西里岛，他们以为战争会给他们带来财富和权力，但是他们没有考虑到战争的危险性和西西里人抵抗战争的顽强性。由于求胜心切，战线拉得太长，他们的力量被分散了，再加上西西里人团结一致，他们更难以应付了。雅典的远征导致了自身的覆灭。

胜利的果实的确诱人，但远方隐约浮现的灾难更加可怕。因此，不要只想着胜利，还要想到潜在的危险，这种危险有可能是致命的。不要因为眼前的利益而毁了自己。被欲望蒙蔽了双眼的人，他们的目标往往不切实际，会随着周围状况的改变而改变。

我们应时刻保持清醒的头脑，根据变化随时调整自己的计划。世事变幻莫测，我们必须具有一定的预见未来的能力，过分苛求一项计划是不明智的，实现目标可以有多种途径，不要抓住一个不放。

预见未来的能力是可以通过实践探索慢慢培养的。要有明确的目标，但必须实事求是地对客观现状进行分析评估；计划要周密，模糊的计划只能让你在麻烦中越陷越深。

定律五十三

期望定律：

寄予什么样的期望，培养什么样的孩子

【定律阐释】

期望定律，指当我们对某些人或事物寄予积极的期望时，这些所期望的人或事物就会朝着我们所期望的好方向发展；当我们对某些人或事物寄予消极的期望时，这些所期望的人或事物就会朝着我们所期望的坏方向发展。

从皮格马利翁说开去

身为父母，当孩子考试成绩不好时，你是否气愤地责骂过他“笨蛋”“傻瓜”？当孩子不听话淘气时，你是否生气地训斥过他“没出息”“没素质”？当孩子没有达到你为他制定的目标时，你是否很失望地唠叨“你什么时候能给我们争口气呢”？如果这些你都做过，那你可要检讨了。其实，每个孩子都可能是天才，关键在于你对他寄予何等的期望。

谈到期望这个话题，我们不得不先从王子皮格马利翁说开去。

古希腊有一位年轻的王子，叫皮格马利翁，他很喜欢雕塑。有一次，他用一块洁白无瑕的象牙雕刻了一个美丽的少女。王子对雕塑爱不释手，每天都以怜爱的目光深切地注视着象牙美女，甚至茶不思饭不想，坐在“她”面前，呼唤着“她”，梦想着她能够成为真正的少女。最后，王子的诚心感动了天神，天神使这位象牙少女拥有了真正的生命，和王子生活在一起。

这里讲的仅仅是个神话，却说明了一个现象：我们的热切期望，会使被我们期望的人达到我们的要求。美国著名心理学家罗森塔尔和雅各布森称这一现象为“皮格马利翁效应”，并在教育实践中进行了验证。

1968年的某一天，罗森塔尔和雅各布森来到一所小学，说是要进行一个试验。他们从1～6年级中各选3个班，在这18个班的学生中进行了一次煞有介事的“未来发展趋势测验”。测验结束之后，他们给每个班级的教师发了一份学生名单，并且告诉教师，根据测验的结果，名单上列出的学生是班上最优异、最有发展可能的学生。出乎很多教师的意料，名单中的孩子有些确实很优秀，但有些孩子平时表现平平，甚至水平较差。对此，罗森塔尔解释说：“请注意，我讲的是他们的发展，而非现在的情况。”鉴于罗森塔尔是这方面的专家，教师们从内心接受了这份名单。尔后，罗森塔尔又反复叮嘱教师不要把名单外传，只准教师自己知道，声称不这样的话就会影响实验结果的可靠性。8个月后，罗森塔尔和雅各布森又来到这所学校，并对18个班的学生进行了复试，奇迹出现了：他们提供的名单上的学生的成绩都有了显著进步，而且情感、性格更为开朗，求知欲望强，敢于发表意见，与教师关系融洽，而且更乐于与别人打交道。

这就是罗森塔尔和雅各布森进行的一次期望心理实验，其实他们提供的名单是随意挑选的，罗森塔尔根本不了解那些学生，而且也没有考虑学生的知识水平和智力水平，他撒了一个“权威性的谎言”。

不过，这个谎言成真了，为什么呢？这是因为罗森塔尔是著名的心理学家，在人们的心目中有很高的权威，人们对他的话深信不疑。因此，教师们认为名单上的学生很有发展的潜能，因而寄予了他们更大的期望。虽然教师们始终保守着这张名单的秘密，但在上课时，他们还是忍不住给予这些学生充分的关注，通过眼神、笑容、音调等各种途径向他们传达“你很优秀”的信息。这些学生也感受到了这种期望，他们潜移默化地受到影响，变得更加自信、自爱、自尊、自强，变得更加幸福和快乐，奋发向上的激流在他们的血管中奔涌，结果真的取得了很好的成绩，成了优秀的学生。

可见，期望是人类的一种普遍的心理现象，在教育过程中，“期望定律”常常可以发挥强大而神奇的威力。

向孩子传递积极的期望

通过罗森塔尔和雅各布森的实验，我们明白了，期望在孩子的成长过程中，起着巨大的作用。中国有句俗话：“说你行，你就行；说你不行，你就不行。”要想使孩子发展得更好，就应该给他传递积极的期望。

相信，很多家长都希望自己的孩子能像爱迪生那样聪明。可是，要知道，爱迪生之所以能成才，在很大程度上也是靠家长鼓励的。

爱迪生小时候仅仅上了3个月小学就被开除了，因为学校认为他“智力低下”。但爱迪生的母亲对自己的孩子很有信心，她对爱迪生说：“你比别人聪明，这一点我是坚信不疑的，所以你要坚持好好读书。”

爱迪生得到了母亲的鼓励，在母亲的教导下，学到了比一般孩子在学校里多得多的知识，经过不懈努力，终于成为伟大的发明家。

因此，可以毫不夸张地说，我们今天所享受的电灯、电影、录音机等都受惠于爱迪生的发明，归根结底归功于爱迪生母亲的期望效应。

正如积极的期望可以很好地激励孩子一样，消极的期望也可以重重地打击孩子。有人曾对少年犯做了专门的研究，结果发现，许多孩子成为少年犯的原因之一，就在于不良期望的影响。许多孩子因为在小时候偶尔犯过错误而被贴上了“不良少年”的标签，这种消极的期望引导着孩子们，使他们越来越相信自己就是“不良少年”，最终走向犯罪的深渊。由此可见，在教师和家长对孩子的教育中，消极的心理期望对孩子的成长影响多么大。

有些家长因孩子的学习状况不尽如人意，费了一番功夫不见效果，就对孩子的学习产生了失望情绪，随之而来的是训斥、埋怨甚至讽刺、打骂。家长由于不能满足期望而对孩子施以心灵或身体的虐待是很不理智的，非但改变不了孩子的现状，弄不好，还会产生更消极的影响。所以，正确的做法应该是，不论孩子的学习出现什么样的挫折，家长永远要对孩子说："只要你认为自己确实尽力了，我们就接受任何结果。"同时，家长还要对孩子说："我们相信，你能行，你还有潜力，还能取得更好的成绩！"

人民教育家陶行知曾提醒教师："在你的教鞭下有瓦特，在你的冷眼里有牛顿，在你的讥笑中有爱迪生。"所以，在家庭教育过程中，身为父母，我们不妨让孩子经常从父母的教育态度中感受到父母的心理预期，得到父母的尊重，他们就会保持一种积极向上的力量；反之，如果我们过低地估计了孩子的能力，放弃对他们的期望，断定孩子这也不行，那也不好，将来不会有出息，那可真要耽误孩子终生了。换言之，只有你期望孩子成为一个什么样的人，孩子才可能成为一个什么样的人。

定律五十四

超限效应：

再美妙的赞扬，久了也会腻

【定律阐释】

刺激过多、过强或作用时间过久，就会使人极不耐烦或产生逆反的现象。如果孩子一直生活在赞扬声中，时间长了，再美妙的赞扬声也会腻。

别让过度表扬“甜”倒孩子

当前，不少家长在“望子成龙、盼女为凤”的观念支配下，总是希望通过不竭的鼓励，让孩子天天向上。于是，各种表扬、奖励充斥着孩子的生活。殊不知，这种教育方式也会导致“超限效应”。一番苦心，换来的往往是孩子的无动于衷，甚至造成反感。

某班有个“学生”平时听惯了批评，他对批评根本不当一回事。但是，新学期换了个班主任，这个班主任一开始就对这个“学生”的某些“闪光点”进行了表扬。起初这个学生很受感动，但是过了一段时间，学生发现老师对自己的表扬越来越多，而且还有许多是有意拔高的。他认为这是老师在哄骗自己，名义上是表扬，实际上就是让其注意这些方面，不让其再捣蛋，这分明是老师看不起自己，不信任自己。于是，后来他一听到表扬就反胃，就大为恼火。

俗话说：“好菜连吃三天惹人厌，好戏连演三天惹人烦。”世界万事万物都要有一个合理的尺度，超出这个尺度，事物就会朝相反的方向发展。正如古希腊哲学家德谟克利特所言：“当过度的时候，最适宜的东西也会变成最不适宜的东西。”

教育孩子也是同样的道理，家长都知道对孩子批评多了不好，容易让孩子丧失自信心，于是就拿起了表扬的“武器”。要知道，孩子一直生活在赞扬声中，时间长了，再美妙的赞扬也会腻味。到时，表扬不但不会激起孩子上进的欲望，还会起到反作用，一方面会让他找不到度量自己的标尺，看不到前进道路上的泥泞；另一方面，还会让他产生反感，觉得自己活在谎言当中，于是出现各种叛逆行为。

身为父母，我们总是会担心孩子自卑、经不起挫折、一旦摔倒就爬不起来，总是希望他能在任何时候都自信、优秀，于是就想通过“反复表扬”“持续鼓励”的方式来帮孩子树立自信心，使他一直保持积极的状态、良好的情绪，向好的方向努力。

这种急切的期待和心理是完全可以理解的，但是，我们认为“只要不断表扬、鼓励孩子就能达到效果”的想法是错误的。从心理学的角度讲，同样的刺激在持续一段时间后，对刺激对象的作用会逐渐减弱，这种现象一旦出现，不仅不会出现父母期望的效果，有时反而会引起孩子更大的逆反心理。

当然，这种“超限效应”有时还表现在我们对孩子的要求过高，给孩子的压力过大等情况中。例如，2000 年发生的徐力杀母事件，就是一个“超限效应”产生的悲剧。

徐力的母亲省吃俭用，把家里的所有事情都包揽下来，只是为了孩子好好读书，将来能有出息。她要求孩子每次考试都要排在班级前 10 名，包括事发当天，她还不忘时时刻刻提醒徐力。然而，徐力自己却认为根本无法达到母亲的要求，甚至感到绝望。

最后，徐力终于对整日唠叨不断的母亲产生了强大的逆反心理。也正是这种心理，导致他拿起榔头砸死了养育自己多年的母亲。

客观上讲，徐力的母亲确实是一位非常尽责的好母亲，但是，这一悲剧的发生，难道完全是徐力的错吗？

所以，我们在教育孩子的过程中，一定要牢记“超限效应”带给我们的启示：物极必反，欲速则不达，爱孩子、表扬孩子、给孩子压力，并不是越多越好，而是要讲究个“度”。

合理表扬，也是一门艺术

许多家长都好奇，表扬既看不见，又摸不到，怎么去把握它呢？

表扬孩子要把握好时机。例如，孩子遇到困难和失败时，最容易泄气，情绪低落，同时也最害怕遭到嘲讽。若偏偏在这个时候对孩子冷嘲热讽，甚至骂出“笨蛋”“傻瓜”之类有伤孩子自尊的话，会使孩子对自己越来越没有信心，上进心一滑再滑。但此时我们若能多给孩子一些鼓励和表扬，并热心地帮助他一起寻求解决困难的办法，收到的效果就完全不同了。要知道，表扬只有在最需要的时候才能发挥最大的作用，才能为孩子打开一扇“别有洞天”的窗户。

中国绘画讲究“疏可走马，密不透风”。“疏可走马”指的就是“留白”，有了空白，才能产生美感。表扬也同此理。心理学原理告诉我们：适当的“留白”，更易激起孩子想象的浪花、好奇的涟漪。家长和教师在平时与孩子的交谈中，要“点到为止”，适时地留点空白，让他们自己去思考、去体味，这样，孩子就会敞开心扉，和你交心，与你为友。否则，过于唠叨，孩子会很反感。俗话说：“酒里水多了，味道就淡了。”过多的重复表扬，到后来不但不再产生正面的教育效果，反而会引起孩子的厌烦甚至抵触情绪，“播下的是龙种，收获的却是跳蚤”。

再有，很多家长都不知如何把握表扬的度。第一，要符合实际，不要言过其实地表扬，要注意分寸，不无限夸大。第二，不吝啬表扬，但也不轻易表扬，如果是孩子本应完成的事情，不要因为孩子希望被关注就随意表扬。事实上，过多廉价的表扬不仅不能对孩子产生积极的作用，反而会让他养成浅尝辄止和随意应付的习惯。不付出努力、唾手可得的赞赏又怎么会珍惜呢？

与此同理，我们表扬孩子也要讲究方式与方法。例如，当孩子数学成绩有所提高的时候，我们可以说“你的思维能力提高很大”；当孩子语文成绩有所提高的时候，我们可以说“你的语言理解能力和表达水平越来越好了”；当孩子在与人相处或做事方面有所进步时，我们可以说“你真的长大了”等。

在孩子漫漫的成长之路上，他们不仅需要我们的批评教育，更需要我们合理的表扬与鼓励。身为家长，我们一定要把握好这门艺术，让它在孩子身上发挥出最佳的效果。

定律五十五

热炉法则：
惩罚是孩子进步的阶梯

【定律阐释】

烧热的火炉，当你靠它太近就会感到很烫甚至被灼伤；当你离它太远，就感受不到它的温暖；保持适当的距离，你才会得到温暖和保护。对孩子的惩罚亦是如此。

玉不琢不成器，让孩子在接受惩罚中进步

我们在教育孩子的过程中，明明知道“玉不琢不成器”，但一看到孩子委屈地哭，叛逆地闹，往往就“心慈手软”了。殊不知，这样对孩子的发展非常不利。我们不妨看看下面这个故事：

从前，一位石匠看好一块石头。他问石头：“我把你雕琢成一尊佛像，你愿意吗？”石头开心地答道：“那太好了，多谢师父！”

于是，石匠开始大刀阔斧地打凿。但没过多久，石头感觉太痛苦了，任凭师父如何劝说，石头不断重复着同样的话：“师父，别砸了，别砸了，痛死我啦，我不想当佛像了！”

石匠看石头实在痛苦，不忍心再下手了，终于放弃了它。

不料，在一旁的铺路石看在眼里，胆怯地问石匠：“师父，能把我打造成佛像吗？”

石匠看了一下说：“这个过程是很痛苦的，你能忍受吗？”铺路石坚定地点了点头。

几个月漫长而艰辛的打磨终于结束了，原来的铺路石成了一尊精美庄严的佛像。

数千年后，佛像仍然被来客顶礼膜拜，而原本可以有这样待遇的那块石头，却只做了一块铺路石，受到千年的践踏，甚至是他人的唾弃。它后悔了千年："当初要是能忍一时之痛，接受师父的打磨，现在我也就成了万人景仰的佛像！"

与之类似，在孩子的成长过程中，如果犯了错误，就需要我们做家长的来对其进行"打磨"，也就是所谓的"惩罚"。行为心理学家认为，惩罚是人类行为的一个基本准则，人的错误行为因为惩罚后果的存在导致将来出现的可能性减少。

大家都知道，国有国法，家有家规，违反这些规则时，就要受到相应的惩罚。其实，这也是热炉法则所告诉我们的，即当人用手去碰烧热的火炉时，就会受到"烫伤"的惩罚。

这一法则就是通过"热炉"形象地阐述惩处原则：

1. 警告性原则

热炉火红，不用手去摸也知道炉子的温度很高，是会灼伤人的。这启示我们，规则是火红的热炉，我们要正视它的存在，要加强学习和教育，否则即使你不懂，触犯了也会受到惩处。

2. 及时性原则

当你碰到火红的热炉时，就会立即被灼伤。这启示我们，惩处必须在错误行为发生后立即进行，绝不能拖泥带水，绝不能有时间差，以便达到及时改正错误行为的目的。

3. 一致性原则

只要你一碰到火红的热炉，就会被火灼伤。这启示我们，"说"和"做"是一致的，规则"说"到，就要"做"到，也就是说，只要触犯规则，就一定要按规则进行惩处。

4. 公平性原则

不管男女老少，谁碰到火红的热炉，都会被灼伤。这启示我们，对于规则，不论是领导还是群众，只要触犯，都要受到惩处，在规则面前人人平等。

客观上来讲，适度、巧妙、艺术地运用惩罚，对孩子来说是一种唤醒，一种鞭策，一种激励，也是一种压力之后的进步。

惩罚孩子一定要有原则

惩罚是给孩子纠正错误，让其不断成长的不可或缺的重要手段。那么，是不是随意进行惩罚都会有效呢？当然不是。其实，惩处必须有“度”，只有把握好这个度，才能起到恰到好处的作用。

下面，我们一起来看看如何运用热炉法则，让家庭教育中的惩处不再产生负效应。

（1）经常对孩子进行规则意识的教育，劝诫孩子要遵守规则，否则会受到惩处——警告性原则。

比如，超市里的物品琳琅满目，孩子进去以后往往是看到好吃的想买，看到好玩的也想买。你和孩子定的规则是：没有特殊情况，每次进超市他最多只能选择买一样东西，否则便任何东西都不可以买。要将规则对孩子讲清楚，而且每次去超市前都要提醒他。

刚开始孩子可能会不太适应，常缠着你要把想买的东西都买下，但只要你坚决拒绝，一律按规则办事，受过一次惩罚（一样东西都没买）后，孩子便很自觉地执行“只买一样”的规则了。

（2）一旦孩子犯了错误，我们应对其错误行为进行及时纠正，不能拖延，以便达到及时改正错误行为的目的——及时性原则。

例如，一次孩子在超市中看中了猫咪凉鞋和“爱心”冰激凌，而他两样都想要，又明知只能买一样，可他哪样都舍不得放弃，当然，他会硬缠着你把两样都买下。或许，当你看到孩子脚上的破凉鞋时，你会觉得是应该买双新的；外面下着雨，冰激凌可以不买。但是这时，你要依据你们定下的规则，当场回绝孩子的要求——两样都不买，把两样东西放回货架。“立竿见影”的惩处可以使孩子认识到违反规则的严重性，自那以后，他便不会再违反规则了。

（3）只要违反规则，一定会受到惩处——一致性原则。

你和孩子可以共同商定：自己的东西自己收拾，玩具玩完后必须自己收起来，否则便没收该玩具两周。假如有一次孩子玩完积木后，积木撒了一地，再三提醒也不收拾，你便可以收起积木，束之高阁。只要孩子两周没玩到他心爱的积木，以后便会逐渐改掉玩完玩具不收拾的坏毛病。

（4）家庭成员在规则面前人人平等，无论是爸爸、妈妈，还是孩子，只要违反规则都要受到惩处——公平性原则。

父母是孩子的表率，要孩子执行的规则自己首先要模范地执行，这才能体现人人平等的原则，家庭教育才能有效果。假如，某一次你违反了规则而被孩子指出来的话，你应该接受指正或接受处罚，以便让孩子认为这是一个公平的规则。

只有当我们能正确把握好这 4 点时，才能更好地教育孩子，引导孩子正确地生活、成长。

定律五十六

詹森效应：教会孩子用平常心对待得失

【定律阐释】

很多人平时表现良好，但由于压力过大，过度紧张，在正式比赛的时候缺乏应有的心理素质，导致比赛失败。

小考“战果累累”，大考“一败涂地”

詹森是一名运动员，他平时训练有素，实力雄厚，每次测试成绩都很好，但是他一到了赛场上就连连失利，根本发挥不出平时的水平。心理学家把这种平时表现良好，但由于缺乏应有的心理素质而导致竞技场上失败的现象称为詹森效应。詹森效应是人的一种浅层的心理疾病，就是将现有的困境无限放大的心理异常现象。

詹森效应在学生群体中比较常见。有些名列前茅的学生在大考中屡屡失利，细细想来，“实力雄厚”与“赛场失误”之间的唯一解释只能是心理素质问题，但最本质的是得失心过重和自信心不足。有些人平时“战绩累累”，卓然出众，久而久之，他们会形成一种心理定式：只能成功不能失败。再加之赛场的特殊性，周围人群对他的深切厚望，使他背负上沉重的心理包袱，患得患失。被如此强烈的得失心理困扰，最终很难发挥出自己的真实水平。

某报曾经接到一位学生家长发来的“求救”邮件：我的孩子即将参加高考。想想三年前孩子中考时的情况，我不由得忧心忡忡。三年前，我的孩子在班级乃至学校都是佼佼者，但这个孩子比较内向，心理素质较差，平时成绩很好，一到大考成绩就一落千丈，中考成绩“超低水平”发挥，只勉强考上了普通中学。孩子没办法面对这个现实，整天把自己关在房间里，消沉了许久。现在，三年过去了，我的孩子在这所普通中学表现很好，年年都获得“三好生”称号。如果正常发挥，孩子上本科甚至重点都没问题，但如果改变不了心理素质差的毛病，成绩难以预料。我们真担心，在高考那种更紧张的气氛中，孩子能否承受得住。真希望你们能帮我想想办法！

还有一名学生，连续两年参加高考，均因在考场上过度紧张而落榜，而按平时的考试成绩，他是完全可以进重点院校的。第一次高考，考数学时，有一道题他平时没见过，因此紧张起来，心跳加快，呼吸急促，神情慌乱，双眼模糊，看不清试卷，结果以3分之差落榜。经过一年的刻苦学习，他又走进了高考的考场。但一进考场，他又被笼罩在一种无形的紧张气氛中，明明会答的题目，甚至平时熟悉的题目都变得陌生起来，结果又以7分之差落榜……

上述两名考生显然陷入了“詹森效应”的怪圈，以至于小考“战果累累”，大考“一败涂地”。作为家长，我们有必要在这方面对孩子加以关注。

自我调节，消融紧张

心理学家认为，紧张是一种有效的反应方式，是应付外界刺激和困难的一种准备，有了这种准备，便可产生应付刺激的力量，因此紧张并不全是坏事。然而，持续的紧张状态则能严重扰乱机体内部的平衡，会给身心健康带来无法估量的损害，所以我们要教会孩子，如何通过自我调节，克服这种心理。

如何克服紧张心理，具体可以尝试以下几种方法：

1. 暂时避开

当事情不顺利时，让孩子暂时避开一下，去看看电影或一本书，或做做游戏，或去随便走走，改变环境，能使其感到松弛。强迫孩子“保持原来的情况，忍受下去”，无非是在惩罚孩子。当孩子的情绪趋于平静，而且和其他相关的人均处于良好的状态，可以解决问题时，再让孩子回来，着手解决问题，往往就会收到良好的效果了。

2. 每天晚上做一次反省

让孩子学着这样思考：“我感觉有多累？如果我觉得累，那不是因为劳心的缘故，而是我工作的方法不对。”丹尼尔・乔塞林说过：“我不以自己疲累的程度去衡量工作绩效，而用不累的程度去衡量。”他说：“一到晚上觉得特别累或容易发脾气，我就知道当天工作的质量不佳。”如果全世界的人都懂得这个道理，那么，因过度紧张所引起的高血压死亡率就会在一夜之间下降，我们的精神病院和疗养院也不会人满为患了。

3. 谦让

如果你的孩子经常与人争吵，就要考虑他是否过分主观或固执。要知道，这类争吵将会对周围人的行为带来不良的影响。孩子可以坚持自己正确的东西，静静地去做，但给自己留有余地仍是必要的，因为他自己也可能是错误的。即使是绝对正确的，他也可按照自己的方式稍作谦让。这样做了以后，他通常会发觉别人也会这样做的。

4. 尽量在舒适的情况下学习

记住，身体的紧张会导致肩痛和精神疲劳。人生有压力是不可避免的，谁还没有个烦琐难熬的事儿呢？既然明白了这一点，就要学会让孩子自我“减压”，举重若轻，化解紧张。同时，还可以用抑制下来的精力去做一些有意义的事情。

5. 把烦恼说出来

当有什么事烦扰孩子的时候，应该引导其说出来，不要存在心里。让孩子试着把烦恼向父亲或母亲、老师、学校辅导员等倾诉，他心里往往就会舒服很多。

定律五十七

情绪判断优先原则：

“打是亲，骂是爱”是最大的谎言

【定律阐释】

情绪会优先于理性，影响人们的判断。因此父母在和孩子交往时，要学会“先处理情绪，后处理事情”，才更容易使孩子接受。

先处理情绪，后处理事情

这周末，梦涵全家进行大扫除，小轩、可可都来帮忙。不过梦涵今天的心思可没在劳动上，她边干活边想着去划船的事。

不料，一个不小心，便闯了祸，爸爸最喜欢的大花瓶被她打碎了。梦涵一下子愣在了那里。她想：“这下闯大祸了，爸爸一定会骂我的！”爸爸一向比较严厉，想起爸爸接下来要拉长的脸，梦涵手忙脚乱地逃离了“现场”。

眨眼到了吃晚饭的时间，爸爸妈妈见梦涵还是没有回来，便分头去找。妈妈在小花园里发现了梦涵，她正和小伙伴们玩得不亦乐乎。

“梦涵，回家吃饭了！”妈妈柔声叫她，但梦涵不敢回家。

“今天是淘气的小轩打碎花瓶的。妈妈，咱们今天能不能晚点儿回家呢？”梦涵央求妈妈。

妈妈早看出了她的心思，便告诉她：“今天打扫卫生，你是咱家做得最好的，你爸还一直对你赞不绝口呢！此外，你爸爸最近一直嫌那个花瓶大，摆到哪儿都占地方，早就想扔了，这下好了，家里显得不那么挤了！不过呢，以后劳动的时候要注意啊！”梦涵听了妈妈的话，羞愧地低下了头，她想：我以后可不会犯这样的错误了！当她回到家时，爸爸并没有训斥她，而是说：“梦涵，把碎片打扫干净吧，否则扎到脚就不好了。”梦涵飞快地去拿扫帚和簸箕。从此她无论是劳动还是学习都变得细心了。

梦涵妈妈的处理方式可以说是明智的，她没有因为孩子闯祸而愤怒，也没有让孩子承受闯祸后的“恐惧”，而是用一种温和的方式，让孩子记住“前车之鉴”。

而现实中很多父母却做了一个“穿西装的野人”，每每发现孩子的错误，不分青红皂白，便冲着孩子大喊大叫。事实上，这种方式收效甚微，因为人们的判断遵循“情绪判断优先定律”，孩子只能记住当时的“恐惧”，而忘了对错误的判断与反省。

所谓的“情绪判断优先定律”，即指情绪会优先于理性，影响人们的判断，无论是好情绪还是坏情绪都会首先影响到人的行为。例如，现在消费者对生产企业“王婆卖瓜——自卖自夸”式的广告已经深恶痛绝，更喜欢那些人情味十足的广告。如清华清茶广告词：“老公，烟戒不了，洗洗肺吧！”短短一句话，像一枚“糖衣炮弹”，迅速使得消费者“投降”。在这过程中，消费者首先是感动和情感共鸣，继而就会引发他们潜在的消费需求，为商家带来了滚滚财源。

同样道理，父母在与孩子交往过程中要学会“先处理情绪，后处理事情”。比如在孩子处于不愉快状态时，他就会将所有外界信息“拒之门外”，这时父母无论说什么，他都很难接受。但是，如果父母先体谅孩子的感情，宽容和安慰孩子，先处理好他的情绪，使他处于良好的情绪状态下，那么问题就会轻而易举地解决。

爱和要求合二为一，教育才有意义

有的家长太溺爱孩子，孩子长大了自私任性，甚至殴打家长；有的家长对孩子要求太严格，对孩子造成了巨大的心理压力，这样的孩子同样问题多。爱和要求都没有错，但必须要把爱和要求合二为一，孩子健康发展了，教育才有意义。

一位妈妈向别人哭诉，她说孩子打她！“我那么疼他，他居然打我，没良心啊！想想看！从小到大，他要什么我给他什么，他想去干嘛我都顺着他！最后，却落了个这样的下场！我做错什么了？不就是碰倒了他的一个花瓶吗，就对我拳打脚踢！平时他朝我吵吵嚷嚷，我以为他是闹着玩，就由着他，现在竟然打起我来了！这哪是我的儿子啊？他怎么能这样对我！”

孩子为什么会这样？其实要问家长自己。家长太溺爱孩子，孩子便很容易变得以自我为中心，只要稍不如意，很可能就把怒气发泄到家长身上。溺爱让孩子的脑袋里没有建立起一个“谦让和尊重”的意识，因为父母的宠爱让他觉得他就是这个世界的王！那么，他还有什么事情做不出来的？

复旦大学的学生张亮亮制造了“虐猫”事件，这就是父母对孩子严格要求酿的苦果！

张亮亮的父亲是军人，是新中国第一批研究生，39 岁读了博士，后来成为一家医院的医生，同时还是博导，是家庭里面的榜样。父亲在儿子的面前从来不掩饰自己的骄傲，他直接告诉张亮亮：“你这辈子永远不可能达到我的高度，超过我。”

而张亮亮的母亲对张亮亮十分呵护，张亮亮小时候吃饭的碗都是高温消毒的。母亲很重视对他的教育，但和很多家长一样，希望他自立的同时很多事情又替他处理，以至于没有让他经过什么磨炼。

优秀的父母自然让他产生压力，他说：“父亲不给我压力，但是看不起我，不认可我做的事。母亲很关爱我，通过关爱的方式给我压力，一会儿希望我申请耶鲁、哈佛，一会儿又说申请到哪个学校都没关系，这对我是莫大的折磨。每次都是这样，我总是希望母亲打电话只询问生活上的情况就好，因为出国的事情她不懂，给她解释她也不一定明白，还会大声跟我说话。”

上研究生后，一年半内，张亮亮获得了托福、GRE以及高级口译、北美精算师等四门证书。一年看了17本很厚的专业原版教材，竞选了系里宣传部长。他申请了30多所国外大学，专业方向也不尽相同。

但他觉得越来越吃力，压力很大！

不断地自我苛求之下，虐猫事件随之而来。

诸多事实均已证明，家长的严格要求给孩子施加了过分的压力，最后，孩子很可能因为压力过大，精神上出现一系列的问题。据中国疾病控制中心精神卫生中心调查，目前在中国（不包括港澳台）大学生中，16% ~ 25%的人有心理障碍，以焦虑不安、恐怖、神经衰弱、强迫症状和抑郁情绪为主。

上述的两种方式都是不正确的，无论是爱还是要求，都不能在各自的方向上越走越远，只有将两者结合起来，才是正确的教育，这时，教育也才有意义。

做父母的不应该盲目地爱，要“严”中有“爱”，“爱”中有“严”，这样才能培养出有良好品行的优秀人才。

定律五十八

角色效应：

孩子，应扮演他自己的角色

【定律阐释】

现实生活中，人们以不同的社会角色参加活动，这种因角色不同而引起的心理或行为变化被称为角色效应。

什么样的角色，什么样的孩子

世界首富比尔·盖茨在西雅图上小学四年级的时候，被人推荐到图书馆帮忙。图书馆管理员给他讲解图书的分类法，告诉他要做的工作就是：把归还图书馆的放错了位置的书放回原处。盖茨听完后问：“工作的时候，是像侦探一样么？”管理员说：“那当然。”然后，小盖茨就在书架的迷宫中穿来插去。

“小侦探”这个角色让他兴奋不已，每当从一堆书里发现要找的目标时，他都会发出一阵胜利的欢呼。他干得越来越熟练，不久便请求担任正式图书管理员。好景不长，几个星期后，盖茨搬家了，也转学了。但是没过多久，盖茨又回来了，因为新学校的图书馆不让学生干，盖茨的父母为满足儿子做“小侦探”的愿望，又把他转回来上学了，由父亲开车接送他。盖茨自己也坚定地说：“如果爸爸不带我，我也会走着来上学的。”

可见，“小侦探”这个“社会角色”激发了小比尔·盖茨多么浓厚的兴趣。正是这种角色扮演，使他长大之后，将枯燥的工作变成了有趣的游戏，而且做得有滋有味。

心理学家曾做过一个有趣的实验：邀请一些不懂礼貌的孩子去参加一个不平常的晚餐。在晚餐中，他们竟然一反常态，在文雅气氛的熏陶下，意识到自己是有教养的“来宾”角色，并按这种社会角色来约束自己，很快变得有礼貌了。

这个实验表明，如果赋予孩子适当的角色，而且当他对角色有所领会和理解时，孩子就容易按照角色的规范来要求自己，从而在个性心理或行为上发生一些变化。这种现象被称为“角色效应”。

角色效应的形成首先开始于社会和他人对角色的期待，现在教育中普遍存在一种偏差，老师往往用“好学生学习好”“坏学生成绩差”来评断孩子，这使得他们出现了角色概念的偏差，对自己扮演的社会角色不能够正确认知和评价。他们会觉得自己学习差就一无是处，会厌烦自己的“角色”，而那些“好学生”则可能因此而沾沾自喜，自我膨胀。在这种错误认知的基础上，他们开始了各自不同的行为，“坏学生”开始真正厌学，开始自暴自弃；好学生则只注重学习而忽略了自身全面发展。这种最初的错误期待导致了孩子认知行为的恶性循环。

案例中的小盖茨，受到的则是一种积极的“角色效应”的影响，他在扮演侦探这种“社会角色”时，从心理上产生一种自我期望，再加上父母对这种角色的“认可”，使他不仅喜欢自己扮演的角色，而且体会到角色给他带来的乐趣。这种积极的认知和期待成为激励他行为的内在动力，甚至影响到他成长的每个阶段。

理解孩子，填平无法沟通的“代沟”

最近程女士明显感觉到，随着儿子一天天长大，他们之间经常话说不到一块儿，两人之间的兴趣、爱好、观点也不太一样，甚至有时他们之间会因某些事情而发生剧烈冲突……所有的这一切，都预示着她与儿子之间已经有了一道不可逾越的代沟了。如何跨越代沟，化解母子之间的冲突，实现两人的有效沟通，成了程女士亟须解决的一大难题。

代沟其实是一种很正常的社会现象，是不可避免的历史事实，同时又是一个生物学现象。究其原因，就是父母没有真正理解孩子的角色，而误将自己的思想“顺理成章”地加到孩子身上。

充分理解两代人的差异是一个历史和生物过程，我们就能正确地处理代沟问题。具体方法有如下几种：

1. 关心孩子的内心世界

父母与孩子之间的代沟很明显的表现是双方谈不到一块儿。与跟老年人谈话相比，跟孩子们谈话似乎更需要一种类似天赋的才能，你必须会说孩子们的话，懂得孩子们的内心世界，甚至还要保持与孩子们一样的天真，尊重孩子们的想法和观点。

在和孩子们交谈之前，你必须主动而自然地与孩子们接近。要真正与孩子们很好地相处，你还必须了解孩子们心理、生理上的特点，懂得他们喜欢什么，不喜欢什么。

2. 尊重与理解

父母与孩子，作为两个不同的个体，最基本的就是平等，这样才能沟通，所以父母应放下自己的架子，把孩子当成一个大人，当成一个朋友，而不是把他们当成永远长不大、永远不懂事的小不点儿。父母应做到和孩子平等地讨论问题，让孩子有发言的机会，尊重孩子的想法，营造比较民主的家庭气氛，以缓和大人与孩子的紧张关系。

在日常生活中，父母可试着抽时间与孩子聊聊天，耐心地倾听孩子的讲述，听取他的意见和建议，理解他的情绪，给他自主决策的机会。这样，孩子也就容易敞开自己的心扉，对父母讲自己的心里话。渐渐地，那条横在父母与子女之间的代沟便会日益缩小。

3. 理智关爱

每个做父母的都希望“儿子成龙，女儿成凤”，他们给孩子倾注了全身心的爱，事无巨细都替孩子着想，恨不得一切包办代替。

可是，做父母的不知道，有时太多的爱对子女来说是一种负担，它会压得孩子透不过气来，而孩子为了甩掉这份爱，就可能对父母无缘无故地发脾气，或尽量躲避父母所给予的爱。而且，这种毫无节制的爱，也是对孩子成长空间的一种限制，很可能扼杀孩子独立个性的发展。一句话，爱也会使孩子窒息。

因此，“爱”是需要讲究方法的。要做到理智地爱，最关键的是要理解孩子的角色，尊重孩子，给孩子独立的空间，在关爱中引导孩子成长。这样也有助于缩小与孩子之间的距离。

定律五十九

吸引力法则：

指引丘比特之箭的神奇力量

【定律阐释】

吸引力法则，指同样频率的东西会共振，同样性质的东西会互相吸引，走到一起，就是我们的思想、情感、语言、行动结合后的能量形式将会吸引与其本质相同的人、事、物。其在情感方面的体现就是，我们喜欢的人，往往也是那些喜欢我们、跟我们合得来的人。

人海茫茫，偏偏喜欢相似的“你”

电影《秘密》在全球的广泛关注下，造就了同名书籍《秘密》的诞生及热销。《秘密》一书出版没多久，便横扫美国、澳大利亚、加拿大、英国等多个国家的各大图书市场，如今，它在中国图书市场也是赫赫有名。《秘密》为何会如此吸引人呢？究竟有什么秘密在里面？答案就是，它揭示了神奇的“吸引力法则”！

如果有人问你：“为何选择现在的她/他作为你的另一半？”“你喜欢的人通常要具有哪些特征？是漂亮，是帅气，是聪明，还是有钱？”想必你很难说出具体的答案，但却能肯定地回答“大家在一起很合得来”。

这是为什么呢？心理学研究表明：我们通常喜欢的人，也是那些喜欢我们、跟我们合得来的人。也就是说，你的另一半不一定很漂亮、很帅气、很聪明或者很有钱，但他一定是很喜欢你，你也很喜欢他，你们彼此合得来，也就是我们前面说的吸引力法则。

也许你会问，“我们为什么偏偏喜欢那些喜欢我们、跟我们合得来的人呢？”这是因为，喜欢你的人能使你体验到愉快的情绪。一想起他/她，就会想起和他/她交往时所拥有的快乐，一看到他/她，你自然就有了好心情。你们双方比较有默契，或者叫很有“灵犀”。而且，因为他喜欢你，对你自然持肯定、赏识的态度，从而使你受尊重的需要得到满足。正所谓：“什么是好人？——对我好的就是好人。”

看过电视剧《一帘幽梦》和《又见一帘幽梦》的朋友，想必都对紫菱与楚濂、费云帆之间的爱情纠葛印象极其深刻。那我们就以这个例子，看看爱情中的吸引力法则。

先说紫菱与楚濂。在紫菱不知道楚濂喜欢自己的时候，始终不敢暴露自己对楚濂的好感；当楚濂向她表白心意的时候，她的爱意自然如水倾泻。两人互相喜欢，互相吸引，以至于即便有绿萍横于其间时，仍旧彼此牵挂。不过，可惜的是，他们受到太多外界因素的影响，最终未能走进婚姻的殿堂，永结同心。

尽管与楚濂分开令紫菱痛苦不堪，但这也给了紫菱一个新的爱情发展机会——费云帆。很多人好奇，紫菱那么爱楚濂，为何还会接受费云帆呢？其实，这还是要到吸引力法则上来找答案。在紫菱最痛苦的时候，费云帆用他无微不至的体贴、精心的呵护、超级的罗曼蒂克，深深地感染着紫菱，使紫菱不知不觉也陷入了对费云帆的喜欢之中。既然与楚濂不可能复合，嫁给如此喜欢自己的费云帆也许是最好的选择。紫菱的选择不仅符合常理，也很符合人的心理。在感情上，双方的喜欢一旦建立，久而久之，很容易巩固并发展。这也是为何绿萍与楚濂离婚后，紫菱仍选择留在费云帆的身边，因为，他们已经从喜欢升华到了彼此相爱。

心理学还认为，当人们发现一个人非常喜欢自己时，不管对方客观情况是怎样，是否具有让自己喜欢的特点，往往会无条件地喜欢上对方。人们大概是想象，既然对方喜欢自己，那他/她一定是在某些方面和自己相似，认可自己的为人和某些特点，那么，自己又有什么理由不同样喜欢对方呢？

要知道，实际生活中，几乎没有人是完全自信的，因此，大多数人都特别需要别人对自己的肯定。这样一来，那些喜欢我们的人，通过对我们的肯定、追求等，便为我们喜欢他们打下了良好的基础，最后步入双方互相喜欢的状态也算是水到渠成。

“关注”并“吸引”，将爱情进行到底

关于吸引力法则，它另一个层面上的含义就是：你关注什么，就会吸引什么，什么就会靠近你。所以，想获得真诚、永久的爱情，想将自己的爱情进行到底，一定要时刻对你的爱情抱有希望。

通常，实现这种积极的关注和希望，可以通过六个方面进行：

第一，明确你想要的爱情是什么。在你设想甜蜜的情侣关系或美满的夫妻关系之前，你应当知道这对你意味着什么。不要错误地定义你理想的对象是多么特别的人，而忽略了自己所渴望的生活的真实本质。进一步明确你想要的，是感受、情感还是体验？然后，画出那张“脸”。

第二，用你希望的被爱方式来爱自己，为自己说些自己喜欢的话，做些自己向往的美好的事情。要知道，当你善待自己的时候，别人往往会用同样的方式善待你。

第三，用你希望被爱的方式去爱别人。要想为你渴望的爱情关系打下一个坚实的基础，就要用你喜欢被爱的方式去爱别人。因为人与人之间是相互的，吸引也是相互的，你渴望得到爱，就要学会付出你的爱。这是获得美满爱情的另一个有效办法。

第四，如果你对当前的爱情不满意，审视一下自己，是不是经常空谈自己的伴侣？有可能你无意识地就将自己的伴侣限定了，总是想着他从前是什么样子，而没有为他可能改变的形象留有思维空间。如果是这样，快回到现实中来吧！

第五，敞开你的心扉，放开你的思想。随时触摸你内在的想法，包括你的情感、内在的感受和直觉，并尊重它的指引，正如歌中所唱“跟

着感觉走，让它带着我，心情就像风一样自由……”

第六，放弃没有意义的事物。为了迎接你美好的期望，如一段浪漫的爱情，天长地久的婚姻等等，你一定要抛开使你情绪低落的事物，把所有让你感觉不好的事物统统抛弃。这样，你才能“腾出空间”，让生活为你带来一些更好的事物。

定律六十

互补定律：

各有所长，互相吸引

【定律阐释】

互补定律，指在需要、性格、兴趣、气质、能力、特长和思想观念等方面，如果存在差异，而双方的需要和满足途径又正好成为互补关系，就可以相互吸引。

充满“差异”的爱情吸引

走在大街上，我们常看到这样的景象：亭亭玉立的美女，总是挽着一个长相普通的男人；潇洒有型的帅哥，往往搂着一个其貌不扬的女人。为什么会有这样奇怪而又普遍的组合？是美的那方喜欢被丑的那方衬托的感觉，还是丑的那方喜欢做陪衬的感觉，或者是他们因为自己的另一半是个美人或帅哥而感到自豪，会更加珍惜？其实，这就是心理上互补定律的表现。

除了上面的现象，生活中还有很多基于互补关系缔结的婚姻。比如，一个支配型男人娶了一个依赖型女人做妻子，一个泼辣型女人嫁给一个沉默型男人等等。

其实，在爱情上，双方因差异而互补，因互补而结合，并不足为奇。因为，男女本身就是互补的。男人阳刚，可以给女人安全感；女人阴柔，能激起男人的保护欲。曾有一项针对 25 对结婚多年的夫妻进行的追踪调查研究表明：夫妻间需求的相互补充是婚姻关系得以维持长久的基础。

也许你会问，这不是和前面讲的相似定律相矛盾了吗？事实上，它们并不矛盾，因为差异并不一定都能形成互补，互补性的前提是，交往双方都得到满足，否则，双方相反的特性不但不能够产生互补，甚至还可能产生厌恶和排斥。例如，高雅和庸俗、庄重和轻浮、真诚和虚伪等等，这些就只能造成“道不同不相为谋”的局面。

马婷是个温文尔雅的女人，丈夫是个幽默开朗的男人。两人经人介绍认识后，相处了一年多，觉得彼此正好可以弥补对方性格上的空白，他们开心地步入了婚姻殿堂。

婚后，在激情燃烧之后，一些以前恋爱的时候不以为然的小问题出现了，并且成为他们之间的分歧。丈夫喜欢热闹，爱运动；马婷喜欢安静，爱写作。他们之间似乎少了一份共同的爱好，而且越来越觉得在一起时不知道该说些什么、做些什么。

这不由得让马婷经常难过，感到婚姻的失败，丈夫也觉察了她的不满。于是，他们决定坐下来好好沟通一下。最终，他们达成一致，要好好地过下去，因为彼此都深爱着对方。

他们开始尊重彼此的爱好。尽管刚开始因彼此的爱好和涉足领域不同，感觉没有什么话题，两人在一起除了吃饭，就是看电视，感觉很冷清。但渐渐地，他们开始一起散步，边走边聊各自感兴趣的东西和事情。

久而久之，马婷发现，自己以前十分讨厌体育运动，但现在丈夫常给她讲一些体育明星的趣事，也会让她捧腹不已；而丈夫，不时听马婷讲述自己新的创意和构思，也常常被那些情节吸引。

就这样，他们觉得彼此的生活越来越丰富了，彼此既能满足和享受自己的那份爱好，又能感知了解对方的另一片天地。

现实生活中，像马婷与丈夫这样，既独立又互补的婚姻较为常见，正如人们常说的：“该相似的地方相似，该互补的地方互补。”

通常，互补可分为两种情况。一种是：交往中的一方能满足另一方的某种需要，或者弥补某种短处，那么前者就会对后者产生吸引力。比如，依赖性特别强的人愿意和独立的人在一起生活等。另一种是：因为别人的某一特点满足了你的理想，而增加了你对他的喜欢程度。比如，一个看重学历的人，自己又没有拿高学历的机会，往往希望对方能拿到高学历等。

因为我们每个人都与生俱来地具有一些缺点，所以为了弥补自己的不足，我们在寻求生活伴侣的时候，往往注意寻找能弥补自己缺点的人，从而实现所谓的“强强联合”。

理性“互补”，让“不合”变“和谐”

如今，不少人把分手和离婚的理由归结为“性格不合”。其实，就像马婷夫妻一样，所谓的“性格不合”的分道扬镳完全可以巧妙地转化为配合默契的“互补式爱情（婚姻）”。

当所谓的“不合”出现后，双方彼此经过沟通和努力，发现了对方身上更多吸引自己的地方，并自愿地改变和提升自身某些习惯及行为，最终双方就可以因“互补”而感到爱情或婚姻的幸福，达到和谐。

在现实世界里，爱情和婚姻出现双方某些方面的不合，肯定是在所难免的。因为每个人的性格特征、爱好兴趣等都不尽相同，都有各自的独立性。那么，我们如何将彼此间不和谐的因素变成互补的关系呢？

第一，也是最重要的一点，我们要对自己的性格和对方的性格都有正确的认识，并能够尊重彼此的性格。性格是人对事物所表现的经常的、比较稳定的理智和情绪倾向，并无优劣之分。不同于品德，不同的性格各有不同的长处和短处。例如，外向的人开朗，但做事很容易急躁；内向的人沉稳，但做事往往没有魄力。

第二，在相处的日子里，彼此要懂得扬长避短，异质互补。夫妻也好，情侣也好，双方之间的经历、兴趣和脾气不同，即所谓的“异质”，这些是可以互补的。但是，人的性格就很难改变了，正所谓“江山易改，本性难移”，所以双方应该注意逐渐改善自己的不足之处，而不是千方百计地去改造对方。要学着互相尊重，互相帮助，这样，双方才会和谐、美满，实现“优势互补”。

第三，平时双方一定要多沟通，多交流。当你们之间出现争吵或分歧时，不要一味火爆地去想对方的不足，用各种言语去喋喋不休地指责对方，要看看自己是否也想到了对方的需求。像马婷夫妇那样，把各自的内心摆出来，使彼此之间更加了解，更加和谐。

很多人认为，谈恋爱时，彼此的优点是对方非常欣赏的，彼此的缺点是对方可以包容的；结婚久了，彼此的优点是对方不屑一顾的，彼此的缺点是对方无法包容的。其实，说到底，都是我们自己看待对方的角度变了，心态变了，于是，“互补”变成了“差异”“分歧”，爱情变成了痛苦的忍受。所以，我们要理智地控制自己的思想，多想想当初对方令你倾慕的优点，多回味这么多年对方为你付出的点点滴滴，唤醒自己那颗被爱充溢许久而麻木的心，这样才能开心地“执子之手，与子偕老”。

此外，中国还有句话，叫“距离产生美”。在审美过程中，只有当主体和对象之间保持一种恰如其分的心理距离时，对象对于主体才是美的。那么，我们又何必强行去改造对方，让对方与自己一致呢？给彼此留一点儿属于自己的空间和特色，让大家都变得美丽起来。

定律六十一

虚入效应：

爱就要勇敢地“乘虚而入”

【定律阐释】

虚入效应，即乘虚而入，指趁他人遇到感情危机时，对其关爱有加，以博得其好感，最终获得其全部感情的现象。

爱他（她），要在他（她）最需要你的时候出现

“乘虚而入”，原是军事上常用的战术。两军作战，趁敌人没有防备的时候进攻或进攻敌人防备较弱的地区，这样胜算就比较大。在感情上，当他人失恋或失意时，表达对他人的关心，往往会收到意想不到的效果。

芳，是一个美丽而清高的女子，喜欢她的男子不计其数，但她都不正眼看一眼。她想要的是事业的成功，社会的名望。她的美貌给她带来了很多机会，也让她遭受了许多非难。女上司不喜欢她，女同事们更是把她当作眼中钉。女上司无缘由的训斥，女同事无休止的捉弄，再加上繁重的工作，让芳彻底崩溃，病倒了。强是芳的同事，暗恋芳为时已久。得知芳病了后，强每天早晚在医院照顾芳，给芳讲笑话，给她讲故事鼓励她，让芳重新恢复了对生活和工作的信心。芳病好后，和强一起出现在公司众人的面前，这让公司里的人惊讶不已。大家都想不通，如此普通的强怎么打动了芳的心？其实，道理很简单，强就是用了“乘虚而入”这一招，在芳最需要人关心的时候关心了她。

爱情需要感觉，一见钟情很美妙；爱情需要默契，心有灵犀很惬意。

爱情需要手段，只要能带给你爱的人幸福而不是伤害，乘虚而入也没什么不好。爱情需要竞争，胜利的果实让人回味无穷，但竞争不是不择手段，胜利无须处心积虑，只要能恰当地把握时机，你就能摘到想要的苹果。

在文学作品和影视作品中，有很多“乘虚而入”最后得逞的角色，但描述和表现这样的角色时总是带着讽刺和鄙视，人们在看这类人时，也觉得他们太过有心机，甚至很卑鄙。而在现实生活中，这个招数在追求心爱的人时，却屡试不爽。为什么人们鄙视它，又不断运用它呢？因为爱情是可望而不可求的，你能遇到你爱的人的机会更是微乎其微，如果不想方设法把他（她）抓住，那么很可能你这辈子都再也遇不到让你动心的人了。谁会冒这个险呢？谁都知道“乘虚而入”这招最管用，在他（她）最需要人关心的时候出现在他（她）面前，关心他（她）鼓励他（她），何愁他（她）不感动？

懂得付出，爱终究会有回报

爱一个人就要懂得付出，这种付出不是指天天黏着你爱的人，而是时时关心、默默对他（她）好，而不给他（她）的生活造成困扰。当他（她）遇到困难，出现危难时，立即挺身而出，为他（她）解决一切麻烦。保护他（她），爱护他（她），而不求任何回报，这就是真爱。越是甘心付出、不求回报的人，往往越能得到上天的垂怜。

园是一个光芒四射的女孩，她活泼可爱，面容姣好，举止大方，能歌善舞，身边总是围着一群男生，争着为她献殷勤，而磊却总是默默地躲在一边，看着园。如果园不小心滑了一跤，在其他男生还没反应过来的时候，磊已经一个箭步冲到园的跟前扶住了她，然后又什么也不说就走了。园第二天要参加歌唱比赛，前一天她的桌柜里肯定会出现一盒金嗓子。园想报考 GRE，磊就把自己考试的心得悄悄放在园的桌柜里。在一次舞蹈比赛中，园正忘情地跳着，却不小心踩到了一颗本不应该出现在舞台上的玻璃珠，脚下一滑，重重地摔在台上。接下来的事，她就不知道了。是磊，飞快地奔到台上，抱起园就往附近的医院跑。园睁开眼，第一个看到的就是磊，什么都明白了，泪顺着她的脸颊流下来。他们走在了一起。

其实，爱情无须太多计谋，只要你愿意为你爱的人全心付出，那么她最终会投进你的怀抱，即使两人没有走到一起你也没有遗憾。在这个快餐式的社会里，一切都喜欢快节奏，像磊这样只知道付出而不讲回报的人，越来越少了。人们都害怕受伤害，喜欢计较得失，男男女女都在打着自己的小算盘，“算计”着自己的伴侣。何必呢？这样双方都会受伤。

乘虚而入是个很好的爱情计谋，但是只有你关注这个人，才会懂得什么时候是“虚”。其实乘虚而入，也可说是“乘需而入”，只要你全心地付出，时刻关注，总会有让你“乘虚而入”的机会的。

相信真爱，努力付出，抛弃计谋，坦诚相待，才会真的快乐。

定律六十二

因果定律：

种下“幸福”，收获“幸福”

【定律阐释】

因果定律，由苏格拉底提出。该定律认为，每个结果都有一个特定的原因或者多个原因，今天的结果是昨天造成的，今天又为明天种下了因。

活在当下，让今天成为明天的幸福理由

著名哲学家培根曾说过：“懂得事物因果的人是幸福的。”正如同“物有本末，事有终始”“种瓜得瓜，种豆得豆”的道理一样，如果我们想收获幸福，先要种下幸福的种子。

如果你觉得生活沉闷，就应该检查一下自己付出了多少。从来没听人说：“我天天早睡早起，经常做运动，不断充实自己，培养人际关系，并且尽心尽力地工作，然而生活中却没有一件好事。”生活是一个因果循环系统，如果生活中一点好事都没有，那就是你的错了。只要你了解你的现状是自己一手造成的，就不会再觉得自己是受害者。

也许你会反驳说：“生活中，有的人过着平淡的日子，同样感觉很幸福；而有的人成绩斐然，却觉得幸福离自己很遥远。明显不符合因果定律。”其实，之所以出现这样看上去似乎因果相悖的现象，是因为幸福感是一种非常主观的情感体验。

美国知名心理学家、宾夕法尼亚大学教授马丁·瑟里格曼表示，幸福＝快乐＋意图＋参与。他告诉我们，幸福并不是空等来的，不是被动地期盼来的，而是需要你具有快乐的能力，获取幸福的意图，并能积

极地参与。如果你觉得自己现在还不够幸福，那就该清醒地审视自己了。要知道，一味地抱怨或叹息过去根本毫无意义，与其低落、萎靡，不如珍惜当下，积极生活，让“今天”成为“明天”的幸福理由。

小莉是某外企的主管，从大学毕业到晋升为主管仅仅用了两年的时间。无论是工作时间，还是下班回家，她的脸上总洋溢着甜甜的微笑，同事们对她羡慕得不得了。有人好奇，便问小莉：“你怎么每天都是一副积极向上的样子？感觉你天天都非常幸福。”小莉笑着答道：“因为我每天都告诉自己‘我是积极的，我是快乐的’。”

我们不妨像小莉那样，通过自我暗示的方法，告诉自己“我是积极的，我是快乐的”，从意识上就让自己的每一天都过得积极。

其实，无论生活是平淡，是忙碌，或是没有理想中的好，都要从中给自己找一个幸福的理由。例如，昨晚做了一个好梦，今天是个阳光灿烂的好天气，刚刚做了一个漂亮的新发型，工作上感觉到一些进步，朋友的一个问候……这些小小的幸福连缀在一起，就像一条幸福的珠链，将令你的日常生活滋润、充实而美好，同时，也会让你的思想走向积极的一面。

此外，人们都认为法国人的幸福感很强，这主要是由于法国是艺术之都，人们将艺术家气质注入生活，用艺术之美点染人生。众所周知，每个艺术家在创造作品时，感受着来自生命本身的创造乐趣，所以欣赏这些作品的人可以同创造者产生共振、共鸣。当你从忙碌的工作中偷得浮生半日闲，不妨将自己置身于艺术的海洋，可以从画作缤纷的色彩、音乐优美的旋律、雕塑充满美感的线条中感悟世界之美、艺术之美，从而体味生活中的幸福感。

善待他人就是善待自己

从因果定律出发，除了善待自己会得到幸福外，善待他人也会得到幸福。对他人友善，就是种下幸福的种子，待到种子开花结果，自己也就收获了幸福。

有一天，一个贫穷的小男孩为了攒够学费正挨家挨户地推销商品。劳累了一整天的他此时感到十分饥饿，但摸遍全身，却只有一毛钱。怎么办呢？他决定向下一户人家讨口饭吃。当一位美丽的女孩打开房门的时候，这个小男孩却有点儿不知所措了，他没有要饭，只乞求给他一口水喝。这位女孩看到他很饥饿的样子，就拿了一大杯牛奶给他。男孩慢慢地喝完牛奶，问道："我应该付多少钱？"女孩回答道："一分钱也不用付。妈妈教导我们，施以爱心，不图回报。"男孩说："那么，就请接受我由衷的感谢吧！"说完男孩离开了这户人家。此时，他不仅感到自己浑身是劲儿，而且还看到上帝正朝他点头微笑。

其实，男孩本来是打算退学的，但喝完小女孩送给他的那满满一杯牛奶后，他放弃了这个念头。

数年之后，那位美丽的女孩得了一种罕见的重病，当地的医生对此束手无策。最后，她被转到大城市医治，由专家会诊治疗。当年的那个小男孩如今已是大名鼎鼎的霍华德·凯利医生了，他也参与了医治方案的制订。当看到病历上所写的病人的来历时，一个奇怪的念头霎时闪过他的脑际，他马上起身直奔病房。

来到病房，凯利医生一眼就认出床上躺着的病人就是那位曾帮助过他的恩人。他回到自己的办公室，决心一定要竭尽所能来治好恩人的病，从那天起，他就特别关照这个病人。经过艰辛努力，手术成功了。凯利医生要求把医药费通知单送到他那里，在通知单上，他签了字。

当医药费通知单送到这位特殊的病人手中时，她不敢看，因为她确信，治病的费用将会花去她的全部家当。最后，她还是鼓起勇气，翻开了医药费通知单，旁边的那行小字引起了她的注意，她不禁轻声读了出来："医药费——一满杯牛奶。霍华德·凯利医生。"

恐怕连女孩自己都不敢相信，就是当年一杯满满的牛奶，在数年后挽救了自己的生命。现实生活中，很多人活一辈子都不会想到，自己在帮助别人时，其实就等于帮助了自己。一个人在帮助别人时，无形之中就已经投资了感情，别人对于你的帮助会永记在心，只要一有机会，他们会主动报答的。

关于这一点，著名科学家爱因斯坦的两次不同婚姻也是很好的例证。

爱因斯坦的前妻米列娃因不能容忍丈夫极少的关心与体贴，而只是一味地与原子、分子、空间、时间为伴，时常与其发生摩擦，而两人的个性都很强，最终分手。第二任妻子艾丽莎是一个体贴入微，懂得尊敬与忍让的人，她深知爱因斯坦的脾气，从不干预丈夫的工作，让他安心地完成事业。爱因斯坦受到感动，也在百忙之中抽出时间来陪妻子度过美好时光，他甚至在记者招待会上曾说过："艾丽莎不懂相对论，但相对论却有她的一份心血。"

所以，任何一种真诚而博大的爱都会在现实中得到应有的回报，善待别人，就等于善待自己。

定律六十三

罗伯特定理：

走出消极旋涡，不要被自己打败

【定律阐释】

罗伯特定理，由美国史学家卡维特·罗伯特提出：没有人因倒下或沮丧而失败，只有他们一直倒下或消极才会失败。

世上没有过不去的坎

这个世界上没有人能把你打倒，除了你自己；这个世界上没有什么困难能难得倒你，除非你自己放弃。人生道路漫漫，坎坷重重，遇到挫折摔一跤，是在所难免的，只是当我们面对挫折时，应当无所畏惧，愈挫愈勇。现在我还记得小时候妈妈说的一句话："跌倒了，自己爬起来！"

无论遇到什么境况，都不应该放弃自己，对自己失去信心。有这么一则故事：

一天傍晚，一位美丽的少妇坐在岸边的一棵大树旁，梳洗着自己的头发，一位老渔夫在湖边泛舟打鱼，这本来是多么美丽的一幅风景画。可是，当渔夫撑船准备划向湖心时，突然听到身后传来"扑通"一声，老渔夫回头一看，原来是那位美丽的妇人投河自尽了。老渔夫急忙调转船头，向少妇落水的地方划去，跳进水里，救起了少妇。渔夫不解地问少妇："你年纪轻轻的，为什么寻短见呢？"少妇哭诉道："我结婚才两年，丈夫就遗弃了我，接着孩子又病死了，您说我活着还有什么意思？”“两年前你是怎么生活的？”渔夫问。少妇想了想，眼睛一下变亮了：“那时我自由自在，无忧无虑，生活得无比幸福……”“那时你有丈夫和孩子吗？”“当然没有。”“可是现在，你同样是没有丈夫和孩子呀！你只不过是又回到了两年前的状态，现在你又自由自在，无忧无虑了。记住，孩子，所谓的结束对你来讲应该是一个新的起点。”少妇仔细想了想，猛然醒悟，她回到了岸上，望着远去的老渔夫，心中又燃起了新的生活希望。

这位少妇的人生遭遇的确很不幸，但是真正让她走上绝路的不是这些不幸，而是她自己，是她放弃了自己。其实，人生会遭遇什么，我们无法控制，我们能控制的就是自己的心态，如何来看待这些遭遇。“宠辱不惊”是一种境界，“永不放弃”是一种态度。对待我们宝贵的生命，我们应该永不放弃；对待人生的遭遇，我们应该宠辱不惊。

张海迪、桑兰，这些让我们既自豪又羞愧的名字，她们用自己的故事告诉我们：人生，没有过不去的坎，无论怎样，都不能放弃自己。与之形成对比的是，有些人一遇到困难就萎靡不振，有些人甚至被误以为的灾难给害死了。前几年，看报纸上的一则报道，说一个人得了感冒被误诊为癌症，结果没几天这个人就死了。这个人就是被自己给害死的，他以为自己得了癌症，肯定活不了，自己先放弃了自己，生命自然也就放弃了他。美国作家欧·亨利在他的小说《最后一片叶子》里也讲了个类似的故事，只是故事里那个放弃了自己生命的病人，被一位老画家及时救了回来。这位画家并不是妙手回春的神医，他只是用彩笔画了一片叶脉青翠的树叶挂在病人窗外的树枝上，只因为生命中的这片绿，病人竟奇迹般地活了下来，这就是希望的力量。

人生在世，不可能一切都是一帆风顺的。当你遭遇失败时，当一切似乎都是暗淡无光时，当你的问题看起来似乎不会有什么好的解决办法时，千万不要放弃希望，只要心存信念，勇敢地站起来，你就会看到奇迹发生。

生命的阳光别被悲观阻挡

有一个对生活极度厌倦的绝望少女，她打算以投湖的方式自杀。在湖边她遇到了一位正在写生的老画家，老画家专心致志地画着一幅画。少女厌恶极了，她鄙薄地看了老画家一眼，心想：幼稚，那鬼一样狰狞的山有什么好画的？那坟场一样荒废的湖有什么好画的？

老画家似乎注意到了少女的存在和情绪，他依然专心致志、神情怡然地画着。过了一会儿，他说："姑娘，来看看画吧。"她走过去，傲慢地睨视着老画家和他手里的画。少女被吸引了，竟然将自杀的事忘得一干二净，她没料到世界上还有那样美丽的画面——他将"坟场一样"的湖面画成了天上的宫殿，将"鬼一样狰狞"的山画成了美丽的、长着翅膀的女人，最后将这幅画命名为《生活》。这时，老画家突然挥笔在这幅美丽的画上点了一些黑点，似污泥，又像蚊蝇。少女惊喜地说：星辰和花瓣！老画家满意地笑了："是啊，美丽的生活是需要我们自己用心发现的呀！"

一个阳光的人，心情乐观开朗，他的人生态度是积极的，不管在工作中还是在生活上，都能很好地完成任务，因此这类人在这段时间里自我价值的实现也就相对比较多。自我价值实现得越多，自我肯定的成就感也就越多，这样就能拥有一个好的心情，形成一个良性循环。相反，一个人整天愁眉苦脸地面对生活，不管做什么事情都不积极，甚至错误百出，那么他的自我价值的实现就会越来越少，自我否定的因素就会增加，使心情更加消极抑郁，成了一个恶性循环。

世界的色彩是随着我们情绪的变化而变化的，你拥有什么样的心情，世界就会向你呈现什么样的颜色。所以，别让悲观挡住了生命的阳光，当你快乐起来的时候，你的世界将会是朗朗晴空。

定律六十四

贝勃定律：

珍惜多少，才真正拥有多少

【定律阐释】

一个人右手举着 300 克的砝码，在左手上先放 305 克的砝码，开始不会觉得有多大差别，直到左手砝码的重量加至 306 克时才会觉得有些重。如果右手举着 600 克，这时左手上的重量要达到 612 克才能感觉到比右手重。

很多事物不是不存在，而是我们没意识到

有两对具有大体相同的成长背景、年龄阶段和交往过程的恋人，都非常恩爱。唯一不同的是，其中一对恋人中的男孩，每个周末都给自己心爱的姑娘送一束红玫瑰；而另一对恋人中的男孩，平时不太送花，每年只在情人节那天向自己心爱的姑娘送去一束红玫瑰。

由于两个男孩的送花频率和时机不同，导致了结果截然不同：

那个在每个周末都收到红玫瑰的姑娘，表现得相当平静。尽管没有大的不满意，但她还是忍不住说了一句："我看到别人送给自己女友大把的'蓝色妖姬'，比这普通的红玫瑰漂亮多了，心里真是很羡慕！"

而那个只在情人节接到红玫瑰的姑娘，当手捧着男朋友送来的红玫瑰花时，表现出了被呵护、被关爱的极度甜蜜。

这两对恋人中的女孩，虽然都在情人节那天收到了表示爱的玫瑰，但每个周末都收到红玫瑰的姑娘对此习以为常，只有收到比红玫瑰更特

别的礼物才能感受到惊喜；那个只在情人节收到红玫瑰的姑娘，红玫瑰对其而言已经足够特别了。学者们将这一现象归结为“贝勃定律”。

贝勃定律来源于著名心理学家贝勃做过的一个实验：一个人右手举着300克的砝码，这时在其左手上放305克的砝码，他并不会觉得有多少差别，直到左手砝码的重量加至306克时才会觉得有些重。如果右手举着600克，这时左手上的重量要达到612克才能感觉到比右手重。也就是说，原来的砝码越重，后来就必须加更大的量才能感觉到差别。

贝勃定律在生活中到处可见。比如，5角钱一份的晚报突然涨了5元钱，那么你会觉得不可思议，无法接受。但是，如果原本500万的房产也涨了5元，甚至500元，你却会觉得价钱根本没有变化。在人类的感情中，交往已久的恋人会抱怨对方没有刚认识时对自己好了；在公交车上，陌生人给你让座你会非常感激，而亲近的人给你让座你却感觉理所当然；一些餐馆在正式开业前总是先试营业几天，看顾客的用餐情况再作调整……这是因为人们心理都有一个逐渐适应的过程。一旦适应某种定式，就会对此习以为常，要改变这种定式，必须施加比最初更大的刺激力。

一个女孩和母亲吵架，赌气离家，在外逛了一天。直到肚子很饿了，她才来到一个面摊，却发现忘记带钱了。好心的面摊老板免费煮了一碗面给她，女孩感激地说：“我们不认识，你居然对我这么好！可是我妈妈，竟然对我那么绝情……”面摊老板说：“我才煮一碗面给你吃，你就这么感激我，你妈妈帮你煮了十几年饭，你不是更应感激吗？”女孩一听，整个人愣住了：“是呀，妈妈辛苦地养育我，我非但没有感激，反而为了小小的事，就和她大吵一架。”女孩鼓起勇气，踏上回家的路。快到家门时，她看到疲惫、焦急的母亲正在四处张望。

故事中的女孩因对母亲的关爱习以为常，从而对母亲的期望值不断提高，当母亲稍有不合自己心意就恶言相对。对于面摊老板，女孩原本没有抱多大的期望，因此，他的一点点帮助，都令女孩感动不已。

聪明的人会利用贝勃定律为自己减轻做事的阻力。例如，商家在调整产品价格时总是先小幅度上涨，当人们逐渐接受以后再大幅加价。一般有经验的谈判专家都是在谈判临近结束时才提出一些棘手的条件，而谈判对手被一开始的优厚条款诱惑，也就不怎么在意后来才接触的那些不利条款了。

贝勃定律告诉我们，要懂得珍惜自己的点滴所得，善待身边的人。

贪欲是一种累赘

很多时候，人们意识不到幸福或某些事物的价值，是因为自己的贪婪之心。“贪”的本义指爱财，“婪”的本义指爱食，“贪婪”即贪得无厌，是一种过度膨胀的利己欲。贪婪的欲望是无止境的，即所谓“欲壑难填”“人心不足蛇吞象”。贪婪心理具有不可满足性，无论是对待金钱、权利、女色、美食、财产，还是对待其他一切事物，具有这种心理的人永远都是不满足的。

然而，贪婪会使人的精力和体力双重透支，当欲望产生时，再大的胃口都无法填满，贪多的结果只会导致无穷尽的烦恼和麻烦。学会接纳自己、欣赏自己，使我们从欲念的无底深渊中得到自由，才是快乐的始发站。

据说上帝在创造蜈蚣时，并没有为它造脚，但是它仍可以爬得和蛇一样快。有一天，它看到羚羊、梅花鹿和其他有脚的动物都跑得比它还快，心里很不高兴，便嫉妒地说：“哼！脚多，当然跑得快。”

于是，它向上帝祷告说：“上帝啊！我希望拥有比其他动物更多的脚。”

上帝答应了蜈蚣的请求。他把好多好多的脚放在蜈蚣面前，任凭它自由取用。

蜈蚣迫不及待地拿起这些脚，一只一只地往身体贴，从头一直贴到尾，直到再也没有地方可贴了，才心有不甘地停止。

它心满意足地看着满身是脚的自己，心中窃喜：“现在我可以像箭一样地飞出去了！”

但是，等它开始跑步时，才发觉自己完全无法控制这些脚，这些脚噼里啪啦地各走各的，它非得全神贯注，才能使一大堆脚不致互相绊跌而顺利地往前走。

这样一来，它走得反而比以前慢了。

过度的欲望让蜈蚣步伐缓慢、举步维艰，而人的心里一旦产生过分的欲望，终有一天，也会出现超载的现象，而这种负荷的结果是不堪设想的。

贪婪得来的东西，永远是人生的累赘。想要的越来越多，生活的压力越来越大，脸上的笑容越来越少，这或许便是贪婪的代价。

总之，在现实生活中，很多时候事实并没有发生改变，变的是我们自己的感觉，是我们不断提升的欲望。深谙贝勃定律的人，或许并不一定能够生活得幸福，但一定能够生活得更释然。

定律六十五

杜利奥定律：

拥抱热情，拥有快乐

【定律阐释】

杜利奥定律，由美国自然科学家、作家杜利奥提出，指没有什么比失去热忱更使人觉得垂垂老矣。也就是说，人的精神状态不佳，一切都将处于不佳状态。

快乐源自自己

克罗克，自出生以来便遭遇了西部淘金运动结束、美国经济大萧条、第二次世界大战等多种不顺与不幸。然而，他对生活和事业的热情丝毫未减。他在家乡做生意的时候，发现迪克·麦当劳和迈克·麦当劳开办的汽车餐厅生意十分红火。待确认这种行业很有发展前途后，他便到餐厅打工，学做汉堡包。后来，他借债270万美元买下了麦氏兄弟的餐厅，并最终将它打造成今天大家熟知的麦当劳。可见，热情和积极心态对一个人是多么的重要。

在生活中，我们总试图通过各种途径寻找快乐。殊不知，无论何时，快乐都是由自己来做主的。

巴辛是一名银行职员，他的心情总是很好，从来没人见过他有烦恼的时候。当有人问他近况如何时，他总会回答："我快乐无比。"

有一天，银行遭遇了3个持枪歹徒的抢劫，歹徒朝他开了枪。

幸运的是，巴辛被及时送进了急诊室。经过18个小时的抢救和几个星期的精心治疗，巴辛出院了，只是仍有小部分弹片留在他体内。

6个月后，他的一位朋友见到他，问他近况如何，他说："我快乐无比。想不想看看我的伤疤？"朋友看了伤疤，然后问当时他想了些什么。巴辛答道："当我躺在地上时，我对自己说有两个选择：一是死，一是活。我选择了活。医护人员都很好，他们告诉我，我会好的。但在他们把我推进急诊室后，我从他们的眼神中读到了'他是个死人'。我知道我需要采取一些行动。"

"你采取了什么行动？"朋友问。

巴辛说："有个护士大声问我对什么东西过敏。我马上答：'有的。'这时，所有的医生、护士都停下来等我说下去。我深深吸了一口气，然后大声吼道：'子弹！'在一片大笑声中，我又说道：'请把我当活人来医，而不是死人。'"

巴辛的故事告诉我们：在任何时候，你都可以改变你对事物的认知和自己的心情，只要你愿意选择积极乐观的想法，就可以成为快乐的主人。快乐是一种最有价值的珍宝，人们都想得到它，但是总有一些人难以达成自己的这个心愿。

在心理学中，这种现象就是杜利奥定律的一种体现。人的精神状态不佳，一切都将处于不佳状态，但如果总能保持热情和积极的心态，那么，人生将无比美好。

学问大家张中行先生曾经说过："快不快乐，完全是由自己的想法决定的。"其实，生活中不可避免地会发生一些让人伤心或者烦恼的事，但是作为生活主角的我们，应该学会适应自己的处境，不钻牛角尖，乐观地去生活。从心理学的角度来看，这是一种"心理自我调整"。一个善于调整自己心理的人，一定是一个健康的人，一个和谐的人。

所以，如果你现在仍然觉得自己是一个不快乐的人，那就有必要深入地体会一下张中行先生的名言了。也许你觉得做数学题是痛苦的，但是你不能否认，在解出难题的那一瞬间，你的内心中充满了成就感，这就是快乐的一种表现。也许你觉得洗碗是让人厌烦的，但是如果你在洗碗时放一点儿音乐，你也就会体会到身心舒畅的感觉……

快乐是需要自己来体会和创造的，相信这一点的人，才会永远快乐。

怀着热情走进“快乐的城堡”

漫漫人生旅途，我们不可能一直都一帆风顺，不尽如人意的事情总是难以避免的。然而，当我们无法改变客观事实时，不妨通过热情的心理作用，敞开自己的心扉，让快乐走进来。《快乐的城堡》的作者就是很好的例证。

这位女作家的丈夫是一位将军，曾奉命到沙漠里参加演习，她为了能陪着丈夫，于是也随丈夫来到了沙漠里的陆军基地。

白天丈夫参加演习，她就独自在营地的小铁皮房子里休息。当时天气热得受不了，而且没有任何人可以聊天，她每天唯一能做的事情就是盼望丈夫早点儿回来。渐渐地，她非常难过，便写信给父母，说她想要抛开一切回家去。不久，父亲给她回了信，内容很短，只有两行字：“两个人从牢中的铁窗望出去，一个看到泥土，一个却看到了星星。”读完父亲短促有力的回信，她不禁心头一颤，决定要在沙漠中找到星星。

从那时起，她开始努力地和当地人交朋友，并渐渐地对当地人的生活产生了兴趣，而当地人也很大方地把自己最喜欢但又舍不得卖给观光客人的物品都送给她。后来，她开始研究那些引人入迷的仙人掌和各种沙漠植物，又不断学习有关沙漠动物的知识，有时还和当地人一起看沙漠的日落。结果，原来这个令她难以忍受的沙漠环境，如今却令她非常兴奋、倍感快乐。

正是因为她用热情改变了对沙漠生活的看法。从那以后，她把原来认为恶劣的环境视为自己一生中有幸经历的最有意义的冒险。兴奋不已的她，开始了自己的创作，直至《快乐的城堡》与世人见面。

其实，沙漠没有改变，当地人也没有改变，但是女主人公的心态由消极转向了积极，开始对生活产生了热情。因此，她在沙漠里看到的不再是漫天黄沙，而是美丽的“星星”。

客观上讲，生活并不会因我们的个人意志而发生太大的变化，但对快乐的感觉却是由我们的心态决定的。如果你始终能怀着热情去生活，那么，即使身处茫茫无边的沙漠，你也会与漫天黄沙交朋友；相反，倘若你对生活缺乏热情，那么，即使是沙漠中的绿洲也难以让你欣喜。

正如叔本华所说：“一个悲观的人，把所有的快乐都看成不快乐，好比美酒到充满胆汁的口中会变苦一样。”所以，人生是幸福还是困厄，生活是快乐还是愁苦，完全取决于你对事物的态度，对生活的看法。与其抱怨、忧愁和苦闷，不如满载热情，珍惜当下，积极地去迎接快乐，让它走进你的生活。

定律六十六

迪斯忠告：

活在当下最重要

【定律阐释】

迪斯忠告，由美国作家迪斯提出，讲的是：昨天过去了，今天只做今天的事，明天的事暂时不要管。关键是要把握好现在。

昨天已经过去，明天还未到来

人生说长也长，说短也短。一年 365 天，如果你把每一天都过好了，那你的人生一定会很精彩。但在日常生活中，却有很多人不是沉浸在对过去的思念中，就是陶醉于对未来的向往，忘记了他们是活在当下的。每一个“今天”都这样过去后，人生一定只剩下抱怨和空想。

曾经读过一首诗，觉得非常好：“不要为昨天叹息，不要为明天忧虑。因为明天只是个未来，昨天已成为过去。未来的不知是些什么，过去的只能留作记忆。只有今天，才是你真正拥有的。今天，是你冲锋的阵地。缅怀昨天、把握今天、迎接明天。昨天是成功的阶梯，明天是奋斗的继续。”

过去已无法改变，未来还没有到来，你能把握和拥有的只有现在。所以，与其抱怨过去的虚度，坐待明天的到来，不如奋起努力，把握今天。因为今天就在眼前，珍惜今天，不仅可以弥补昨天的不足和遗憾，更能为迎接明天做好准备。

《哈佛图书馆墙上的训言》中讲过一个这样的故事：

在华盛顿街区的一个屋檐下，有三个乞丐正在聊天。

一个乞丐说："想当年，我用十万美元炒成了百万富翁，要不是股票暴跌……"另一个乞丐说："那是多久以前的事啦，还提呢。看着吧，我明天早上到垃圾筒里看看，也许那里面就有张百万美元的支票，哈哈……"第三个乞丐没有言语，他独自走到别处，因为他必须先填饱肚子。而此时，那两个乞丐还在回忆着自己辉煌的过去和构想美好的未来。

第二天早上，当人们起来时，发现那两个怀念过去和畅想未来的乞丐都已经没气了，而那个寻食的乞丐，正吃得香呢。

这三个乞丐，代表的就是这世间的三种人，一种人活在过去，一种人活在将来，一种人活在当下。活在过去的人，大多是活在过去的光环里，"当年勇""昨日功"让他们难以忘记。活在将来的人，都很理想化，没有到来的东西可以任凭我们想象。上了年纪的人，都喜欢提过去，因为他们没有多少明天好活；年轻人大多都喜欢说将来，因为他们过去没有什么经历。这两种人，大多今天过得都不太好，要用过去的美好记忆或将来的美好期望，来安慰今天的失败失意。他们不愿面对现实，害怕面对现实。其实，无论是怀念过去，还是畅想未来，都不过是自欺欺人的把戏，你的今天已经虚度，你的人生从此又少了一个创造奇迹的机遇。做人就要像第三个乞丐那样，才不会被饿死。

有些人，整天郁郁寡欢，一直抱怨自己过去的不幸，不停地抱怨并未给他带来任何好运，只能让他们的人生更加不幸。因为今天是明天的基础，明天会过成什么样，很大程度上取决于你有没有把握住今天。另一些人整天过得战战兢兢，用今天来为明天担忧，那明天只能为后天担忧。因为你浪费了创造明天的今天，明天自然就会如同你担忧的那般不如意。

"船到桥头自然直，车到山前必有路"，与其担心明天，不如立即行动起来，让担忧的事情不再发生。

把握现在，珍惜时间

库里希坡斯曾说："过去与未来并不是'存在'的东西，而是'存在过'和'可能存在'的东西。唯一'存在'的是现在。"莎士比亚也说过："在时间的大钟上，只有两个字'现在'。"可见，现在才是真实存在的，我们能把握的也只有现在。所以，无论对谁来说，都应该珍惜眼前的一分一秒，认真着眼于现在，因为没有现在，也就没有未来。

这世界上存在着很多的不公平，但有一样是公平的，那就是时间。我们每个人每天拥有的时间都是相同的，不同的就是看你有没有把握住。一天的时间，看起来很短，真正利用好了，却可以做很多事情。像海伦·凯勒在《假如给我三天光明》中写的那样，短短三天，她做了多少事情，看了多少事物啊。高尔基说过："时间是最公平合理的，它从不多给谁一分。勤劳者能叫时间留下串串果实，懒惰者时间留给他们一头白发，两手空空。"我们不能让时间停留，但可以每时每刻都做些有意义的事。东汉文学家崔瑗，官至济北相。在他40多岁任郡吏时，不幸因事被捕入狱。狱中他听说有一位狱吏精通《礼》学，便抓紧一切时间向他学习，当狱吏审讯时，也不忘趁机请教有关问题。他的这种对待学习的精神，给我们每个人树立了榜样。

本杰明·富兰克林一生瑰丽传奇，功勋卓著，这与他懂得把握现在和珍惜时间是分不开的。他曾说过："把握今日，等于拥有两倍的明日。"

有一次，富兰克林接到一个年轻人关于未来的求教电话，并与这个年轻人约好了见面的时间和地点。当年轻人如约而至时，富兰克林的房门大敞着，而眼前的房子里却乱七八糟，一片狼藉，年轻人很是意外。

没等年轻人开口，富兰克林就招呼道："你看我这房间，太不整洁了，请你在门外等候一分钟，我收拾一下，你再进来吧。"然后富兰克林就轻轻地关上了房门。

不到一分钟的时间，富兰克林就又打开了房门，热情地把年轻人让进客厅。这时，年轻人的眼前展现出另一番景象——房间内的一切已变得井然有序，而且还多了两杯倒好的红酒。

年轻人在诧异中，还没有来得及把满腹的有关人生和事业的疑难问题向富兰克林讲出来，富兰克林却非常客气地说道："干杯！你可以走了。"手持酒杯的年轻人一下子愣住了，带着一丝尴尬和遗憾说："我还没向您请教呢……"

"这些……难道还不够吗？"富兰克林一边微笑一边扫视着自己的房间说，"你进来又有一分钟了。""一分钟……"年轻人若有所思地说，"我懂了，您让我明白用一分钟的时间可以做许多事情，可以改变许多事情的深刻道理。"

大家都讲要把握现在，珍惜时间，但什么才算真正地"把握现在，珍惜时间"呢？关于这一点，本杰明·富兰克林已经告诉了我们很多。有时候，你会觉得生活很无聊，无事可做，时间太多，那是因为你还没有真正明白时间的价值与意义。这时，你可以去问一个刚刚延误飞机的游客，一分钟代表着什么；你再去问一个刚刚死里逃生的人，一秒钟的价值有多少；最后，你去问一个刚刚与金牌失之交臂的运动员，一毫秒的意义是什么？

时间对我们每个人来说都是很珍贵的，只要你珍惜它，专注于自己想做的事，那你就不会这么无聊，脚下的路就会慢慢明朗起来。所以，还是不要留恋过去，展望未来了，珍惜时间，从现在做起吧。